林亮全 編著

禽畜加工
生鮮處理

五南圖書出版公司 印行

序言

　　目前坊間有關禽畜加工與生鮮處理之叢書非常多，而且內容豐富，但針對實際作業上之問題，對於一般之業者或初學者而言，較為艱深，因此針對實際之需要，以一問一答方式能夠簡單明瞭的解決業者之問題，乃本書之主要目的。

　　同時在肉品專賣店之設計和外觀上，目前坊間相關叢書尚欠缺，故在本書中收錄一些相關資料，希望能給業界一些參考，由於筆者才學疏淺，希望各位先進教導指正。

國立中興大學動物科學系畜產品貯藏研究室

林亮全　教授

CONTENTS · 目錄

第一章

食肉之一般性狀和科學

第一節　食肉之種類和性狀

問：請問家畜肉之特性和性狀？

答：牛肉：一般呈赤褐色，組織較硬且具有彈性，高級的牛肉，在其肌肉組織間有脂肪存在，俗稱「霜降肉」。脂肪顏色以白色的較硬。未滿一歲的仔牛肉呈現淡紅色，水分較多而脂肪較少。

豬肉：一般為淡紅色，有的依部位不同而呈灰紅色，肌肉纖維較細，且肉質較軟，與其他肉類比較時，脂肪積蓄較多。

馬肉：一般呈赤褐色～暗紅色，結締組織較多，質地較緻密，煮沸時，有起泡之特性，脂肪為黃色而較軟。

綿羊肉：暗肉色～赤褐色，脂肪具有特殊臭味。

山羊肉：與綿羊肉相類似，但脂肪含量較少，具有山羊特有臭氣。

兔肉：與雞肉相類似，呈軟狀結構，顏色為淡紅色，脂肪較少。

雞肉：肌肉纖維較細，胸部肌肉為白色，而腿肉呈紅色，脂肪為黃色而較軟。

鴨肉：一般呈暗紅色，其肌肉內肌紅蛋白含量較雞肉多，肌纖維較雞肉粗。

問：請問肉為何為紅色？

答：肉的顏色，主要由肉中含有之色素蛋白質的肌紅蛋白含量多寡來支配的。若肌紅蛋白含量較多，則肉色較濃。以下為一些肉品之肌紅蛋白的含量：

肉種	肌紅蛋白（%）
兔	0.02
豬	0.06
羊	0.25
牛	0.50
鯨	0.91

問：肉色之變化，主要受哪些因素所影響？

答：除了受肌紅蛋白（Myoglobin）、氧合肌紅蛋白（Oxymyoglobin）和變性肌紅蛋白（Metmyoglobin）之比例所影響外，同時也受屠前家畜之健康狀態和飼養條件所影響，外在之影響如溫度、光線、氧分壓等，歸納如下：

1. 在1～30℃之溫度範圍下，隨著溫度增加，色調之變化也較快。
2. 光對於肉色之變化，只有很小之影響。
3. 凍結的肉會失去赤紅色。
4. 肉中有脂肪包覆時，肉色變化會較小。
5. 退色對於氧分壓成反比，而對於 CO_2 氣體分壓及氮氣成正比的增加。
6. 細菌繁殖增加時，對於肉色之紅色度，會有增加的效果。

問：請問肌紅蛋白（**Myoglobin**）是怎樣的物質？

答：為一種肉色蛋白質之血色素，與血紅蛋白（Hemoglobin）具有相類似之性質。在脊椎動物的肌肉內存在。

問：請問肉之咀嚼特性是怎樣的感覺呢？

答：一般肉的咀嚼特性從廣義面來看，可從肉表面的粗細等視覺上之

要素，和在口中所感覺到的硬度、彈力、柔軟、潤滑等觸感之要素決定，但其中以觸感之要素較爲重要。

在以前觸感之要素是使用官能品評（Panel Test）來評價，此爲主觀之要素。但近年來，使用力學之性質來評價肉之咀嚼特性是爲客觀要素。其可與官能品評之主觀要素相互配合，此爲較可行之方法。

使用力學之測定方法，一般常使用之儀器有：流變測定器（Rheometer）、咀嚼測定器（Textural Meter）等。以下爲一些力學之性質：

1. 硬度（Hardness）。
2. 凝集性（Cohesireness）。
3. 黏度（Viscosity）。
4. 彈力性（Elasticity）。
5. 附著性（Adhesiveness）。

可使用以上五種特性去測定。

另外也有使用：

1. 脆度（Brittleness）。
2. 咀嚼性（Cheroiness）。
3. 膠狀性（Gumminess）。

以上等三種之二次特性去測定。

以上共有八種之力學性質，可評價肉之咀嚼特性。

問：所謂的異常肉是何種形狀呢？

答：以加工上爲主要原料的豬肉爲例：異常肉有水樣肉（PSE）、暗乾肉（DFD）、軟脂豬肉等，PSE 爲英文之 Pale（蒼白）、Soft（柔軟）及 Exudative（滲出的）之簡字，俗稱水樣肉。其黏著

性和保水性較正常豬肉為差，因此在加工利用時，肉製品的品質和製成率會較差。其主要原因為屠宰時處理不當，如緊迫追趕等，另外也與遺傳的特性有關。一般水樣肉的 pH 值較低，在 pH 5.5 以下，故可作為客觀上的程度判定。DFD 為英文之 Dark（暗紅）、Firm（硬）及 Dry（乾）之簡字，俗稱暗乾肉，其特性為 pH 值較高，約在 pH 6.0 附近，因此較易受細菌汙染。

而軟脂豬為豬肉脂肪層較軟，而造成豬肉之品質較差，主要原因為飼料影響較大，如以魚粉等大量飼養豬隻時，使脂肪內含不飽和脂肪酸較多，而形成軟脂豬。

第二節　肉之組織

問：肉的組織構造是怎樣的狀態？

答：肌肉有橫紋肌（Striated Muscle）、心肌（Cardiae Muscle）、平滑肌（Smooth Muscle）等三種類。橫紋肌由多數的肌纖維（Muscle Fiber）和少量的結締組織（Connective Tissue）、脂肪細胞、腱（Tendon）、血管、神經纖維、淋巴結（Lymph Node）和淋巴腺（Lymph Gland）等，以一定的順序排列，而構成肌肉組織（Muscle Tissue）。由肌肉組織所構成的肌肉，其一個細胞相當於直徑 10～100 μ，是長度數公分至十幾公分細長之肌纖維，以 50～150 個集束而形成肌束（一次肌束），一次肌束再以數十個集束而形成二次肌束，然後以二次肌束再組合而成，而肌束間以血管、脂肪組織等附屬構成物相互組合而成。

問：結締組織是怎樣的結構呢？

答：結締組織（Connective Tissue）在動物中分布非常廣，具有強韌組織之機能而結合器官和細胞，以膠原纖維、彈性纖維、細網纖維等構成。

1. 膠原纖維（Collagenous Fiber）

   占結締組織的大部分，直徑約 0.1～0.5 μ，性狀非常柔弱，但缺乏伸長性，加熱至 60°C 時，會收縮 1/3～1/4，加水加熱時，會產生膠狀物。

2. 彈性纖維（Elastic Fiber）

   直徑約 0.3～1.0 μ，在肌肉組織、血管壁中含量較多，對酸鹼加熱抵抗力強，爲肉有硬度的主要原因之一。

3. 細網纖維（Reticulin Fiber）

   此種纖維又稱爲格子纖維（Lntticed Fiber），此乃非常纖細之分歧，在肌鞘、血管、神經中，與膠原纖維互相結合，性質也與膠原纖維相似。

問：肉之脂肪組織是怎樣的結構呢？

答：脂肪組織在皮下、內臟周圍、腹腔附近，多量附著，脂肪的堆積對於動物的體溫保持、內臟的保護有很大的功能，對於肉的風味、柔軟性、緊密度有很大的影響。

脂肪細胞是由結締組織細胞之原生質（Protlplasm）中的脂肪滴，多數沉積而來，形狀爲直徑約 100 μ 的球狀。周圍由厚度約 250Å 的薄形原生質的膜所包圍，內含有核，周圍有多數的毛細管分布，內部充滿了脂肪質。

脂肪細胞由多數的細胞形成集團，再由結締組織性的膜包圍起來，構成脂肪小葉，然後由多數的脂肪小葉集合起來，形成脂肪組織。

一般新鮮的脂肪組織，在 70℃ 加熱時，細胞內的脂肪也不會破裂，而跑出細胞外部。

第三節　肉之化學成分

問：肉之一般化學成分有哪些呢？

答：肉之一般化學成分有水分、蛋白質、脂肪占主要部分，另外有灰分和醣類，和含少量的非蛋白態的氮化合物、無氧有機化合物及一些維生素類。

這些成分的含量與動物的種類、部位、年齡及處理方法之不同而異。一般而言，除脂肪組織的赤肉中，約含有 75% 水分、蛋白質 20%、灰分 1% 左右，另外在赤肉中之脂肪與水分爲一種負相關的關係，即脂肪較多時，則水分較少，反之亦然。

問：肉中之蛋白質要怎樣分類呢？

答：肌肉中之蛋白質大致可分類爲肌漿蛋白質、肌原蛋白質及肉基質蛋白質等三種類。

1. 肌漿蛋白質（Sarcoplasmic Protein）

　約占肌肉蛋白質的 30%，主要由水溶性肌凝蛋白質（Myogen）及低濃溶性的球蛋白（Globulin），以及含有色素蛋白質的肌紅蛋白（Myoglobin）、血紅蛋白（Hemeglobin, Sarcosome）核等顆粒構成。

2. 肌原蛋白質（Myofibrillar Protein）

　使用高濃度的鹽溶液（如 0.6 M KCL）所抽取之蛋白質，約占肌肉蛋白質的 50%。此蛋白質更由肌球蛋白（Myosin）、

肌動蛋白（Actin）、旋光肌球蛋白（Tropomyosin）、旋光素（Troponin）、α, β-Actinin 所構成，與結締組織共同構成肌肉之主要蛋白質。

3. 肉基質蛋白質（Stroma Protrin）

約占肌肉蛋白質的 10%，為使用高濃度鹽溶液所不能抽取出來之殘渣，含有膠原纖維蛋白（Collagen）、彈性纖維蛋白（Elastin）、網狀纖維蛋白（Reticcslin）。

問：肉中所含脂肪之脂肪酸的組成為何？

答：

脂肪酸	豬脂	牛脂	羊脂	馬脂	雞脂	大豆油
Myristic C_{14}	1.3	2～8	4.6	5～6	0.3～0.5	0.1～0.4
Palmitic C_{15}	28.3	24～33	24.6	20	25.3～28.3	2.3～10.6
Stearic C_{18}	11.9	14～29	30.5	5～6	4.9～6.9	2.4～7
Oleic $C_{18:1}$	40.9	39～50	36	34	41.8～44	23.5～30.8
Linolenic $C_{18:2}$	7.1	0～5	4.3	5～6	17～20.6	49～51

Oleic Acid、Linolenic Acid 為不飽和脂肪酸，其他則為飽和脂肪酸。

問：肉內所含之無機質有哪些？

答：肉內約含有 1% 的無機質，雖然其變動較少，但也因動物的種類、品種、肌肉之部位而有所不同。無機質與細胞液的鹽濃度之維持、肌肉的收縮和酵素作用有關。對於生物體的代謝有很大的影響，在肉品中，對於肉之保水性和脂肪氧化作用也有關係，在營養和加工上有很大的意義。無機質的金屬成分有鈉（Na）、

鉀（K）、鎂（Mg）、鈣（Ca）、鐵（Fe）、鋅（Zn）、銅（Cu）、鋁（Al）等。含量以鈉（Na）最多、鉀（K）次之，金屬中，以鎂（Mg）、鈣（Ca）、鋅（Zn）、鐵（Fe）較多，金屬以外的無機成分，則以磷（P）、氯（Cl）等含量較多。

問：肌肉死後僵直是怎樣的一個變化呢？

答：在肌肉中，特別是骨骼肌，在死後經過一定時間後，會發生僵直的現象。動物在死後，肌肉內之 ATP 要維持一定的程度。主要是靠肌酸（Creatine）及肝醣在無氧呼吸中產生，但也會漸漸消耗 ATP，當 ATP 消耗至一定濃度以下時，就會引起僵直，造成肌肉收縮。在僵直期中，肌肉之 pH 值比一般肌肉為低，此為乳酸堆積之故，死後僵直之開始及維持時間，因受到動物種類和屠殺時的狀態而異，一般而言，小動物（如家禽類）其僵直較早發生，而且持續時間也較短。

問：ATP 的功用為何？

答：ATP 是 Adenosine Triphosphate 簡寫而成，中文為腺嘌呤核苷三磷酸，在生物體內為能量的傳達體，與很多的生化等反應有關，特別是在肌肉收縮、弛緩等反應中。在能量的供給方面，有直接的關聯，而且與動物死後僵直現象有很大的關係。

問：肌肉在死後的變化為何呢？

答：家畜屠殺後，肌肉在經過一定時間後，會開始收縮，而發生肌肉變硬的現象，即所謂的「死後僵直」。在死後僵直開始發生時，肌肉中之肝醣會因糖解作用而形成乳酸，而有些溫度升高。例如：牛約升高 1～2℃ 左右的體溫，而且由於乳酸和有機酸的產

生，而使肉中之 pH 值下降。然後在肉內有酵素作用，使肌肉蛋白質分解成爲可溶性蛋白量增加，更由於酸的作用，使結締組織蛋白質之膠原纖維蛋白（Collagen）開始漸漸軟化，而使肉全體變軟，且增加了多汁性和風味，在此狀態下，稱爲肉之「熟成」。熟成之必要日數，依動物種類和貯存條件之不同而異，牛在 5℃ 中，約需 7～8 日。

在熟成後，肌肉中之自家分解（Autolysis）、肌肉所含之酵素繼續進行，低分子的蛋白分解生成物增加，更由於胺基態氮等可溶性氮化物之增加，pH 值再上升至 pH 6 附近，而形成細菌繁殖之良好條件。此時，肉之變化已成爲細菌之繁殖變化，從肉蛋白質之自家分解所產生的胜肽（Peptide）類，成爲細菌之營養源，而使分解作用更加強，最後易生脂肪酸類、胺（Amine）、氨（Ammonia）、硫化氫（H_2S）、吲哚（Indol）、酒精類等腐敗成分，而造成肉之腐敗。

第二章

肉之保持和鮮度變化

禽畜加工生鮮處理

第一節　肉之鮮度和腐敗

問：肉為何熟成後風味更佳？

答：肉在低溫熟成時，會使肉中之分解酵素作用，而造成游離胺基酸、次黃嘌呤核苷單磷酸、核酸關聯物質和游離脂肪酸等，會促進與風味相關之物質積蓄，而使風味更佳。

問：肉之腐敗，要如何判定？

答：腐敗之判定以口來判定非常困難，一般以官能檢查來判定。在化學上的判定以 pH 值在 6.2 以上，揮發性鹽基態氮（VBN）在 20 mg/100 g 以上，胺基態氮在 100 mg/100 g 以上，TBA 值在 0.5 以上，總生菌數在 10^6 cfu/g 以上，大致可判定肉已腐敗。

問：腐敗和酸敗是怎樣引起的？

答：腐敗之過程是在肉之表面被好氣性菌之腐敗細菌所附著，而迅速增殖，漸漸的使蛋白質分解，而發生變色和開始腐敗，然後嫌氣菌侵入肉內部，而造成完全腐敗。

酸敗為肉中之脂肪在空氣中長期放置，空氣中之氧將脂肪氧化，分解產生醛和酮類而產生不快之臭味，而影響了肉之風味。

第二節　肉之保存

問：肉在冷藏保存時，需要注意哪些事項？

答：1. 要時常保持冷藏庫內適當之溫度（4℃以下），且需注意冷藏庫開關次數。

2.要時常除霜，冷藏庫內要時常保持清潔。

3.肉品要放置在容器內或包裝保管，以防肉品間之相互汙染。

4.冷藏庫內的使用區域要明確劃分。

問：肉在冷凍時，需要注意哪些事項？

答：1.冷凍庫內要保持在正確的溫度（−18℃以下）。

2.使用時，不要超過冷凍庫之冷凍能力。

3.在肉品堆放時，要能使冷氣充分循環。

4.冷凍庫的門，開關次數要少，時間要短。

5.肉品一定要包裝後再存放至冷凍庫。

6.要遵守先入先出之原則。

問：肉品的保存方法有哪些？

答：1.物理的方法：冷藏、冷凍、加熱、脫水乾燥、放射線的利用等。

2.化學的方法：防腐劑、鹽漬、糖漬、酸漬、煙燻等方法。

問：肉品在乾燥保存時，要注意哪些事項？

答：1.要注意微生物汙染和增殖，要注意溫度、風速、溼度和衛生管理，使肉之表面至中心部分，都能達到均一的乾燥程度。

2.在保存時，要注意黴菌和氧化酸敗。

問：鹽藏對肉之保存有何影響？

答：對於微生物之增殖抑制，食鹽有很好的效果，但是在微生物中有好鹽細菌（Halophlies），如金黃色葡萄球菌；因此也不能達到完全之效果，而且隨著鹽漬時間之增長，鹽度會在肉中增高，而影響肉的風味，因此在冷凍庫使用後，用鹽藏來保存肉的情況已經很少了。

問：肉在凍結保存時，對品質之影響如何？

答：肉在凍結時，在 −2～−5℃間之溫度帶中，於肌肉內會迅速形成冰晶，因此在此溫度帶中，稱作最大冰晶生成帶，如果肉品長時間放置在此溫度帶中，會使肌肉細胞中的冰結晶成長增大，而破壞細胞組織，影響到肉之品質。

相反的，使用快速凍結法，使短時間通過最大冰晶生成帶時，在肌肉細胞只產生微細的冰結晶，不會破壞細胞組織，因而不會影響肉質。凍結肉在解凍時，太快速解凍會有汁液（Drip，肉汁）大量產生，因此，原則上低溫緩慢解凍較佳，故在凍結時，要注意使肉品在短時間通過最大冰晶形成帶，即可獲得較佳品質的肉品。

問：冷藏肉和冷卻肉有哪些不同？

答：在 0℃以上、4℃以下，所貯存之肉稱為冷藏肉。而肉之表面在 −2～−5℃，內部肉溫在冰晶點以上的稱作冷卻肉，而肉溫在 −18～−20℃的稱作凍結肉。

問：肉品的凍傷是怎樣引起的？

答：在凍結冷藏時，由於與空氣接觸太多，使肉品表面發生氧化、乾燥和褐變（在脂肪中則發生黃褐變），而引起品質的劣化，稱作肉品凍傷。

經凍傷的肉品原料，對於肉製品的保水性、結著性有不良影響，而且脂肪的酸敗，也會對肉製品之風味有不良影響，因此在加工原料處理時須特別注意。

使用不透氣的塑膠袋將肉品密封包裝，為有效的防止方法。

問：原料肉在凍結時，爲何不能使用緩慢凍結？

答：肉在凍結時，如通過最大冰晶形成帶（−2～−5℃）時間較長時，會使肉內之冰結晶變得較大，而使細胞膜被刺破，而使肉質組織受到物理性的破壞。而且在解凍時，汁液量會較多，肌肉蛋白質的水和性也較差。

問：凍結肉的解凍方法和汁液有何相互關係？

答：凍結肉的解凍方法有冷水、淋浴式的流水解凍、靜置解凍、微波解凍、長時間低溫微風解凍等，要抑制液汁的產生，以在冷藏庫內使用低溫解凍較佳，但在作業和工作效率上，以流水解凍法較爲普遍。

問：爲何肉在凍結時，只能保存 1 年左右，在保存期間會發生何種變化呢？

答：肉在凍結期間會發生一些變化，其改善方法如下：

變化	防止方法
1. 失重外表乾燥。	→包裝的改良。
2. 凍傷、脂肪凍傷（表面氧化）。	→抗氧化劑處理包裝。
3. 肉質的損傷（冰晶的破壞）。	→急速凍結、脫水凍結。
4. 蛋白變化。	→急速凍結、脫水凍結、添加食鹽、糖等。

問：在解凍時，對肉質有何影響？

答：解凍時，應儘量使用低溫、長時間的解凍法，如使用快速解凍，則汁液等營養成分流失量會較多，進而破壞肉組織，對肉質有不良之影響。另外，微生物之發育、酵素之作用也對解凍時之肉質有影響。

問：解凍時之衛生方面要注意哪些事項？

答：一般肉之解凍有流水解凍、靜置解凍等，但以流水解凍較為普遍。以流水解凍在衛生上要注意水溫不要太高，而且不太乾淨的肉不要與較乾淨的肉放在同一解凍槽內解凍，且必須以流水方式解凍，不能以靜水解凍。

問：何謂冷鹽水處理法，其對生鮮肉品有何功用？

答：所謂冷鹽水處理法利用在生鮮肉品上，是以 0.8～1.0% 的食鹽加入 0℃的水浴中，以循環溢流方式，浸漬以達到降低肉溫，且利分切之作用。

在鮮肉方面：

鹽濃度 0.8～1.0%。

浸漬時間：

牛、豬：10～15 分鐘。

雞：5～10 分鐘。

內臟：10 分鐘，但鹽濃度可提高至 1.2～1.5%。

在鮮魚方面：

鹽濃度 3.5%。

浸漬時間 30 分鐘。

但淡水魚、花枝、章魚不要使用。

也可利用在解凍方面，但溫度要設定在 5℃左右，以利解凍。

冷鹽水對生鮮肉品之作用如下：

1. 可以在分切過程中，使逐漸上升的肉溫急速下降，防止細菌的增殖。

2. 可使在內部形成汁液之生鮮肉，利用冷鹽水之滲透壓從肉中除去，而使肉質更為緊密，在分切時，較為容易。

3.在 0℃左右的低溫下,對肉品有良好的保存效果。

4.可使脂肪在低溫下變得較為堅硬,使脂肪較不易變質。

使用冷鹽水注意事項:

1.對於鹽濃度之控制,由於是利用生肉之生理食鹽濃度,因此鹽濃度不要變化太大。

2.溢流水要充分,否則有相互汙染之危險。

3.經冷鹽水處理後之肉,要使用以乾淨冷鹽水清洗後之清潔紗布,輕拭殘留在肉上之水滴。否則,水滴殘留在肉上,會造成肉色不均一之外觀,影響賣相。

問:何謂冰溫貯存法(**Controlled Frozen Point Storage**)?

答:以 0℃至凍結點前之溫度稱之,冰溫貯存在以前只利用於水果貯存方面,如二十世紀梨之貯藏,可以增進梨子之甜度,但最近才使用在鮮肉保存上,一般生鮮肉因含有鹽分、脂肪等,且部位不同,其凍結點也不近相同,但一般而言,其凍結點約在 −1～−1.8℃左右,目前冰溫冰箱之溫度,約在 −1.5±0.5℃左右。

冰溫對於肉品之貯存,在肉品風味、外觀、鮮度貯存期限等方面有其一定效用,但因溫度控制不易,國內目前仍未使用。

問:何謂部分凍結貯存(**Partial Freezing Storage**)?

答:部分凍結貯存為介於冷藏與冷凍間對鮮度保存之方法,一般以 −3℃使用較多,目前此種方法大都利用在魚類保鮮方面,但如利用部分凍結貯存生鮮肉時,應在 14 天左右內貯存,因肌肉內之冰結晶尚未完全形成大冰結晶,對於肌肉之構造沒有造成很大損傷,但在 14 天以後,許多肉中之小冰結晶會形成大冰結晶,會對肉之構造造成損傷,進而影響肉之風味。

第三章

肉品加工法

第一節　肉製品之種類

問：肉製品之定義、分類是怎樣劃分的呢？

答：一般而言，肉製品之定義是以畜肉為主要材料之製品的總稱，其含有率並沒有很明確，但以含畜肉在 50% 以上是為較普遍之定義。

在分類上，從衛生的見解來看，可分為乾燥肉製品如肉鬆、肉酥等，非加熱肉製品如中式香腸，加熱肉製品如火腿、洋式香腸等。

問：肉製品之主要原料和副原料有哪些？

答：肉製品之主要原料基本上以牛、豬、馬、羊和雞、鴨、鵝等家畜、家禽之肉為主，但一些特殊之肉製品，也有使用一些肉以外之可食部分，如皮、血液、舌等為主要原料。

而對於主要原料之特性，沒有影響而被使用的稱為副原料。以下以利用較多且以天然添加物、化學添加物之順序做一簡單的介紹：

1. 結著劑

主要有小麥、玉米等之澱粉，黃豆蛋白質、小麥蛋白質、乳清蛋白質、血液蛋白質、蛋蛋白質、粗的明膠等。在培根火腿類等肉製品中，以使用黃豆蛋白質、乳清蛋白質、蛋蛋白質為多。主要目的除了營養源中之蛋白質的質量提高外，對於肉質的膨潤、肉汁的滲出防止、風味的保持等，都有一定的功用，但大體上，使用以上蛋白質時，製品的製成率都會提高。

2. 調味料

為了調味之目的而添加的物質稱作調味料。一般除了最普遍之鹽、糖以外，另外也有牛肉抽出液、雞肉抽出液等抽出物，和由動物性蛋白質、植物性蛋白質經酵素之作用分解所得到的動、植物蛋白質之加水分解物。另外，如甘草、葡萄酒、蘭姆酒等，也可算作調味料。

3. 香辛料

香辛之種類很多，一般以胡椒為最普遍，其他有八角、茴香等，大都以少量多種類混合為多。另外天然著色劑也常被利用，如以紅糟當作紅色著色劑。

4. 化學食品添加物

包括當作乳化安定劑的 Na- 酪蛋白（Na-Casein）；當作結著劑的多磷酸鹽；一般當作結著劑的培根和壓型火腿（Press Ham）；當作結著增強劑的則有西式火腿、香腸等。重合磷酸鹽的主要作用為：

(1) 肌肉之構造蛋白質中之肌動肌球蛋白（Actomyosin）解離成為肌球蛋白（Myosin）和肌動蛋白（Actin）。

(2) 使用鹼性的重合磷酸鹽，可使肉之 pH 值升高。

(3) 由於螯合作用，封鎖鈣（Ca^{++}）等金屬，而使與蛋白質結合基的增加。

由於以上之功用，而使肉之保水性和結著性增加。

在化學調味料方面有 L- 麩胺酸鈉（L-Monosodinm glutanate）、琥珀酸鈉（Disodium succinate）、5'- 核糖核嚼酸鈉鹽（5'-IMP）等。

問：如何分辨 PSE 豬、DFD 豬及軟脂豬？

答：一般正常豬肉的顏色為鮮紅色，而且質地有彈性，但是 PSE 豬

肉，其肉色蒼白（Pale），肉之質地柔軟（Soft），肉汁較易滲出（Exudative），俗稱水樣肉，一般以肉眼可以看出肉色較白、柔軟，而判定為 PSE 肉，但程度較輕者，沒有做成肉製品時，則不易發現。

DFD 豬肉其肉色較暗（Dark）、肉質較硬（Firm），而且乾燥（Dry）為其特色。用肉眼可以判定 DFD 肉其 pH 值較高，所以保水性較佳，而使肉質緊繃，感覺肉質較堅硬，且肉汁不易流到肉的表面，而有較乾燥的外表，由於具有較高的保水性，故較適用於加熱殺菌的製品。

軟脂豬與 PSE、DFD 豬之肉質異常不同，其脂肪熔點較低，而造成脂肪組織硬度不夠，而且呈淡黃色，也可用肉眼和手指輕壓判斷。

問：牛脂、豬脂、羊脂、家禽類之脂肪之熔點是否都相同？

答：在食用肉類中之脂肪熔點，都因畜種不同而相異，牛脂之熔點約在 40～80℃，豬脂約在 37～46℃，羊脂約在 44～51℃，家禽類約在 30～32℃，由於家禽類的脂肪熔點較低，所以添加在肉製品時，溫度管理要特別注意，否則容易發生變化。另外在豬脂方面，腎臟脂肪之熔點也比背脂肪為高。

第二節　醃漬

問：醃漬之目的何在？會在肉中產生何種變化？

答：醃漬之主要目的為：

　　1.增加保存性。

2. 熟成風味的形成。

3. 肉的發色作用。

4. 增進保水性。

5. 增進鹽味等。

醃漬劑除食鹽、亞硝酸鈉等發色劑外，也有使用香辛料、砂糖等。發色之作用，主要是肉中之肌紅蛋白（Myoglobulin）和亞硝酸產生反應，而產生亞硝基肌紅蛋白（Nitrosomyoglobin），因而有發色之作用，而隨著醃漬劑滲透肉塊內之比例，而使肌肉構造蛋白質的肌動肌球蛋白（Actomyosin）產生發生溶解之濃度時，就可在短時間內增進保水性。一般而言，增進保水性的最佳鹽濃度約在 3～5% 左右。

醃漬之日數，依肉塊之大小不同而異。加上熟成風味的形成之日數，1 kg 肉約需 4～7 天為標準。雖然最近使用醃漬注射器，可縮短食鹽滲透肉塊之時間，但一個熟成風味之形成，仍需要一些時間。

肉之熟成風味成分，尚未很清楚明確，但主要原因為肉內之酵素和細菌之作用，使蛋白質分解成為胜肽和胺基酸等，及從脂肪而來之脂肪酸和碳水化合物等，和從醣類而來之有機酸和酒精等之生成，進而形成風味物質。這些風味物質之關聯成分，為了達到刺激人類之味覺和嗅覺，需要積蓄至一定量不可，因此需要一些時間來醃漬是有必要的。熟成風味之形成，細菌之作用很重要，因此醃漬時，細菌的種類和數量、醃漬溫度等會影響風味之變化。

問：請問醃漬之方法和其特徵為何？

答：醃漬之方法有乾醃漬法、溼醃漬法、注射法等三種。分述如下。

  1. 乾醃漬法

    是將肉塊周圍塗抹食鹽、發色劑、香辛料等，以堆積狀態放置於冷藏庫，長時間醃漬之火腿和培根、臘肉等較常使用。其特徵為用肉塊周圍之高鹽濃度、發色劑，達到抑制細菌之增殖。雖然不會發生腐敗，但脂肪會發生氧化而致敗壞為其缺點。另外，在製作低水分製品時，也常用乾醃漬法，利用鹽之脫水作用，而製成低水分之製品。

  2. 溼醃漬法

    是將鹽、發色劑、香辛料加入醃漬液中，而將肉塊浸於其內，使其熟成之方法，一般利用在火腿方面為多。

  3. 注射法

    是一種較新的方法，以多根注射針注入肉塊內，可以縮短醃漬的時間，而且可增加產品的製成率。

問：在醃漬期間，與亞硝酸根殘存量之關係為何？

答：肉的發色作用，能在短時間產生，但所需要的最低亞硝酸量約在 20 ppm 左右，雖然亞硝酸和肌紅蛋白在肉中發生反應，而使亞硝酸量減少，但是在醃漬期間，亞硝酸的減少，其速度並不會很快發生，如以含亞硝酸鈉 100～300 ppm 的醃漬液，添加在肉中時，醃漬的第一天，亞硝酸鈉約有 63～68% 的殘存，第二天時，約有 61～65% 殘存，但與枸櫞酸併用時，會使亞硝酸的消耗量增加，因此以平常約 1.5～4.5 倍的量，在第二天時，仍會有 50～62% 的殘存量。

問：在使用多針注射時，有何要領？醃漬液中之鹽濃度要如何計算？

答：使用多針注射之要領為：

1. 醃漬液的注入量受到注射壓和輸送帶速度的影響，同時也要注意部位不同或者是否為凍結肉等，其注入量也有所不同。

2. 醃漬液注射入肉中時要均一，因此要選擇針較密的機械。

3. 醃漬液的組成成分很多，較易受微生物汙染，因此在使用前後要充分洗淨。

以下介紹醃漬液中添加物之濃度、醃漬液注入量和肉中添加物濃度之關係，可用下列公式表示：

$$肉中的添加物濃度 \% = \frac{醃漬液注入後之增加量（kg）\times 醃漬液中添加物濃度 \%}{原料肉重量（kg）+ 醃漬液注入後之增加重量（kg）}$$

問：注射用之醃漬液的標準配合成分為何？

答：基本醃漬液的成分有食鹽、亞硝酸鈉、蔗糖、香辛料等，但最近在製品之製成率保存性、發色率的增加、亞硝酸根殘留量的減低、賞味期限內變質的防止等考慮因素下，也同時利用多種類的添加物，以增加製品的製成率和防止覺味期間的變質，一般使用己二烯酸（Sorbic Acid）增加保存性。另可添加亞硝酸鹽以增加發色率，並使用抗壞血酸鈉以降低亞硝酸鹽殘留量及防止賞味期限內變質。此外為了增加風味，也有使用天然調味料或化學調味料。在肉製品中之各種添加物之濃度如下：

添加物	肉中濃度
食鹽（%）	2～3
亞硝酸鈉（ppm）	200～300
蔗糖（%）	0.5～1
多磷酸鈉（%）	0.2～0.3
己二烯酸鈉（%）	0.15～0.2
抗壞血酸鈉（ppm）	600～100
麩胺酸鈉（味精）（%）	0.1～0.3

如以 20% 的醃漬液注射入肉中時，以上之添加物在醃漬液中之含量如下：

添加物	肉中濃度
食鹽（%）	12～18
亞硝酸鈉（ppm）	1,200～1,800
蔗糖（%）	3～6
多磷酸鈉（%）	1.2～1.8
己二烯酸鈉（%）	0.9～1.2
抗壞血酸鈉（ppm）	3,600～6,000
麩胺酸鈉（味精）（%）	0.6～1.8

問：醃漬液注入肉中，需注意哪些事項呢？

答：1. 隨著醃漬液注入量的增加，在不同部位，其注入量有很大的差別。

2. 醃漬液的注入量在 10～20% 範圍內時，可以得到良好的結著性，食鹽濃度約在 1.5～3.0%，如食鹽濃度在 2.5% 以上時，對於結著力的影響力不顯著。

3. 醃漬液的注入量太多時，特別在肩肉附近的肉組織較易被破壞。

4. 枸橼酸鈉的添加，對於亞硝酸根殘留率有降低的效果，但是添加量要為亞硝酸鈉的 3 倍以上，才有效用。

5. 多磷酸鹽的添加，對於保水性有顯著影響，添加 0.3% 以上，對於保水性的增加有效，但添加在 0.5% 以上時，會造成亞硝酸根的殘留率增加，而且發色率降低。

問：滾打機之使用目的為何？

答：滾打機之作用乃利用已醃漬的肉在滾打之物理衝擊下，使注射至肉製品內之醃漬液能均一分散，而使鹽溶性蛋白質從細胞內溶出，以增加結著性的效果。

多針型之醃漬注射機，在目前之肉品加工上，功效已被普遍認定。但如沒有滾打機配合使用，會發生品質低下之後果，其原因為：當醃漬液注入肉中時，各種添加物之濃度會集中在某一特定部位，一些分子量較低之食鹽和亞硝酸鈉，在放置 4～5 天時，仍然會集中在特定部分不易擴散，因此一些分子量較大之添加物，如多磷酸鹽，和一些增量劑如酪蛋白質等，更不易擴散，而集中在特定之部位，導致肉製品之品質低下。因此，使用滾打機將這些添加物充分分散是非常重要的。

其使用方法為：要非常緩慢轉動，約從轉 1 分鐘停止 2 分鐘之程序下，連續運轉 24 小時，其主要之理由為避免由於激烈摩擦，而造成肉之溫度上升，和避免過分破壞肉組織。在製造壓型火腿時，小肉塊在醃漬注射後，特別需要滾打之過程配合。

問：在使用滾打機時，其影響滾打效果之主要因素有哪些？

答：影響滾打效果之主要因素有回轉速度、時間回轉數、運轉一休息的間隔時間等，而在原料肉方面，肉的型態是否為凍結狀態或新鮮狀態，還有部位不同時，其肉之硬度、吸水性也有所不同。因此在使用滾打機時，要做各種適當之組合，才能達到良好的效果。

第三節　細切、混合

問：使用經過細切之肉，有何優點呢？

答：肉經過細切後之優點如下：

1. 肉以外的食品和添加物能夠自由混合調味。

2. 能使肉之不均一的部分（如肥、瘦肉）達成均衡。

3. 使較硬部位的肉達到柔軟的目的。

4. 可製造成各種形狀之製品。

以此與西式火腿（Ham）和培根（Bacon）相比較時，更能製成各種具創意，而且均一、價廉的製品。

但是在物理、化學上的變化來說，由於其經過細切之過程，而且有各種添加物之添加，因此其物理、化學上之作用較西式火腿、培根為快，因此必須在短時間內製造。特別是在製造半乾燥或乾燥製品時，容易受到微生物之汙染，且因必須在短時間製造加工，故在使用碎肉機細切時，須注意二個要點：

1. 在細切時，要使用齒輪銜合良好之鋼片和刀片組合相稱之器具，如使用不適當，在細切時造成擠壓細切，會使肉中之細胞汁液溶出，而造成風味的流失。

2. 不要使肉溫上升。如使用較差之鋼片和刀片時，會使肉捲到軸心，而使肉溫上升。

以上二點都會影響到肉之品質。

問：在使用絞肉機時，肉和脂肪在絞切時有何不同呢？

答：基本上，較硬的肉和結締組織較多之肉在製成製品時，要儘量絞成較細的絞肉。

絞肉放入絞肉機（Chopper）時，將軸轉動，使肉經過擠壓而經過刀片及鋼片（多孔網狀之 Plate）而達到細切之目的，可使用大小不同網目之鋼片和刀片，可得到不同粗細之絞肉，在刀片不銳利時，其絞肉過程中，會使肉之組織受到破壞，且因過度摩擦而產生熱，而破壞肉之結著性。

一般瘦肉在使用絞肉機將肉絞成肉粒後，再使用碎肉機（Silent Cutter），將肉、食鹽、香辛料、脂肪一齊混合細切，在製成品中，要使脂肪量不太醒目時，需使用比瘦肉更細小之小孔網狀鋼片去絞脂肪，這樣可以得到外表瘦肉較高之製品。

問：在使用碎肉機（**Silent Cutter**）細切時，要注意哪些事項呢？

答：在製造乳化型肉製品時，使用碎肉機之主要目的為細切和混合，同時，在細切之過程中，使肉產生結著性。為了防止肉製品中有細切不均勻之肉片或添加物，在細切過程中，要注意將蓋上內側之肉充分混入，以及在碎肉機盤之周圍，有些沒有充分被細切和混合之肉與添加物，須注意能混合至乳化型製品中，以免製品中有雜物產生。

為了使結著力能在適當之鹽濃度中出現，在做細切時，要特別注意肉之溫度上升之程度，假如肉能充分保持在低溫狀態，會使肌肉之構造蛋白質不發生熱變性，而保持較高的結著性。如溫度升高時，會使蛋白質發生變性，而使結著性降低，同時會使脂肪發生融解，而阻害了蛋白質間之相互作用。在製成製品時，會發生分離水、游離脂肪等，而且在咀嚼感方面會較差。同時肉色素變

差和脂肪酸敗也較易發生，因此在做細切混合時，要保持使肉溫不超過 10℃ 以上是非常重要的。一般造成肉溫上升之主要原因有：

1. 放入細切之絞肉肉溫較高。
2. 在做乳化細切之過程太長。
3. 在脂肪添加後之細切過程太長。

在絞肉機中，刀片之回轉速度在 1,500～3,000 rpm，機盤之回轉速度在 5～10 rpm 附近，可做整個階段變換。

問：在做細切的過程中，原料肉、添加物、冰水等添加時，要注意什麼呢？

答：在細切初期，首先將鹽溶性蛋白質抽出，而增加結著力是有必要的，因此，瘦肉和食鹽是最早加入的。但是只這樣細切時，會因鹽溶性蛋白質被抽出而產生黏液，也會造成肉溫的上升，所以必須加入碎冰，使肉溫下降至 0℃ 左右。

在細切中期，混合為其主要重點，為了使添加物產生效果，平均的混合是有必要的。因此，在此時添加發色劑、化學添加物，還有香辛料、調味料等是適合的時機。一些增量劑如澱粉、粉末狀植物性蛋白質等結著材料、豬的脂肪等在投入細切時，會造成肉溫較易上升，因此在細切後期才加入。

問：西式香腸的乳化是怎樣形成的，製造的注意事項為何？

答：西式香腸的乳化主要由瘦肉添加脂肪及碎冰後，經過細切混合所形成的狀態稱之。製造時應注意事項為使肉中的鹽溶性蛋白質（Myosin Actin Actomyosin）大量溶出，就會形成良好的乳化狀態。欲使鹽溶性蛋白質大量溶出，包括鹽濃度是否適當（食鹽

濃度爲 3～5%）；肉之 pH 值是否適度遠離蛋白質的等電點（肉蛋白質的等電點，約在 pH 5～pH 5.2 附近），皆需注意。在 pH 5～pH 5.2 附近，蛋白質的結著力最低。另外，不要使蛋白質發生變性（如熱變性、或者肉在凍結時所造成的凍結變性等）。

當鹽溶性蛋白質被大量溶出時，會使溶出的蛋白質相互作用，形成網目構造（Net Work）而將脂肪球包圍，進而形成含有大量自由水的構造，在加熱後會使蛋白質產生良好的熱凝固，導致乳化被固定。

在製造西式香腸時，爲了形成良好的乳化，除了上述的條件要充分注意外，另外也要注意肉是否有充分細切，鹽溶性蛋白是否有充分抽出，這是非常重要的，因此在粉碎機細切時，會增加結著性，但長時間細切，會造成肉溫上升，因此要十分注意。

在結著性與肌肉構造蛋白質的關係上，有很多實驗可以證明：當水溶性蛋白質從肌肉中去除，然後製造西式香腸，對於結著性完全沒有影響。肌動蛋白和膠原纖維蛋白、彈性纖維蛋白也沒有太大影響。然而將肌球蛋白去除，對於西式香腸之結著性影響最大。肌動肌球蛋白（Actomyosin）的相互結合狀態，和添加多磷酸鹽對於結著力的增高，也有效果。

問：在碎肉機的種類中，有一種可以抽眞空的碎肉機，其特徵爲何？

答：在碎肉機內抽眞空的設備，主要目的爲防止在乳化過程中氣泡混入，這樣可以防止肉的氧化酸敗和在細切時肉溫的上升。特別是在製造西式大香腸時，在橫切面，假如有太大的氣泡存在，會失去製品的商品價值，而且在細切片時，有大氣泡的乳狀存在，在外表上也不美觀，如使用可抽眞空的碎肉機，則可以有效防止。

在肉製品內有氣泡存在時，在其內部常會有黃綠色或黃色的變色，而且有汁液滯留其內，為了避免此種情況，真空的碎肉機能有效的防止。但是真空碎肉機也不能完全將空氣抽掉，會有一些微細而且多量的小氣泡存在乳化中，但是這些小氣泡可以供給西式香腸適當的柔軟性和彈性，對於製品之咀嚼感，反而有幫助。

問：絞肉機所絞出之肉粒大小和鋼片（Plate）的網目大小是否有關係？

答：使用 5 mm 網目的鋼片和 2 mm 的鋼片去絞肉的實驗結果如下：
肉粒的大小與鋼片的網目大小有很大關係，如使用 5 mm 的網目時，2.5～5 mm 大小的肉粒約占全體之 60%，1.5～2.5 mm 大小的肉粒占 20%，1.5 mm 以下約占 20%。如使用 2 mm 的網目時，1.5～2.5 mm 大小約占全體的 30%，0.7～1.5 mm 大小約占 40%，0.7 mm 以下約占 30%。
由以上結果顯示，如使用 5 mm 網目的鋼片時，不會有比 5 rnm 更大的肉粒出現。然而使用 2 mm 網目的鋼片時，會有比網目稍大的肉粒出現，此為在較小網目鋼片使用時，為一種一面壓縮而推擠出來的狀態，較易造成肉溫上升。

第四節　充填、結紮

問：不同肉製品使用不同的腸衣，各產品應使用何種腸衣呢？

答：一般天然腸衣是利用家畜的消化器官和泌尿系統當作材料使用，由於家畜種類的不同，其器官的大小、長度、強度也不盡相同，以下為一般常用的腸衣和使用之肉製品。

羊腸：中式香腸、維也納香腸。

豬小腸：中式香腸、法蘭克福香腸、乾燥香腸。

豬直腸：乾燥香腸、肝香腸。

豬大腸：乾燥香腸。

牛小腸：乾燥香腸、伯羅尼香腸、血液香腸、肝香腸。

牛大腸：乾燥香腸。

牛盲腸：伯羅尼香腸、舌香腸。

牛直腸：肝香腸。

在人工腸衣方面，有使用塑膠腸衣，因其非具通氣性，因此不能煙燻（Smoking），但對於製品之保存性佳，因此常利用在壓型火腿、伯羅尼香腸。

纖維素腸衣（Cellulose Casings）：具有通氣性，因此常利用於里脊肉火腿、無骨火腿、大型的壓型火腿等，在西式香腸方面，乾燥香腸、維也納香腸、法蘭克福香腸等也常利用。

膠原纖維蛋白腸衣（Collagen Casings）：使用膠原纖維蛋白腸衣時，其具有通氣性，而且皮很薄，常使用在維也納香腸、法蘭克福香腸。

在品質表示基準中，使用天然腸衣時，使用羊腸為與直徑無關的維也納香腸；使用豬腸的為法蘭克福香腸。使用人工腸衣時，直徑 20 mm 以下的為維也納香腸，20 mm 以上、36 mm 未滿的為法蘭克福香腸。

問：在製造西式火腿時，使用網繩和棉繩，其主要的理由為何？

答：西式火腿使用網繩和棉繩來代替腸衣，有下列幾種優點：

1. 不像一般腸衣，將火腿肉很緊密的包住，所以火腿內的肉質會較柔軟。

2. 用煙燻的滲透效果比較容易，因此在風味上較佳，而且煙燻的肉色較佳。

3. 由於會造成水分蒸散較快，製品的製成率較差，但不會造成製品有軟綿綿的感覺，可以增進風味。

主要缺點為：

1. 由於需要人工將麻繩或棉繩繫綁於肉製品上，因此容易造成微生物汙染，而使保存性降低。

2. 在貯存中煙燻的顏色較不容易褪色。

問：西式火腿和香腸其充填方式和特徵有何特點？

答：西式火腿使用肉塊為原料，所以在製作處理過程中較為容易，但相反的是，使用連續式的自動化處理較為困難。在西式香腸，因使用絞肉為原料，因此在製造處理過程中較為困難，但卻在連續自動處理作業上較為容易，以上為其主要之不同。

西式火腿的充填，則是非常簡單的作業方式，使用鴨嘴式的射出口來充填，依照肉塊的大小特性，當肉塊較大時，使用較大的噴口，然後預先放置大型腸衣去充填；如肉塊較小者，則使用較小的噴口去充填較小的腸衣，然後擠壓使之成形。目前已使用效率較高的自動連續充填機進行充填作業。

問：腸衣的結紮方法為何？注意要點有哪些？

答：以前使用棉繩時，是利用雙手作業，將腸衣的兩端綁緊，即將內容物充填後，一端使用中指、無名指、小指用力握住，並使用大拇指和食指將內容物用力壓，另一手將棉繩用力綁 2～3 回即可，一些小型的西式香腸，如維也納香腸和法蘭克福香腸，在充填時，使用加以扭緊然後結紮的方式。

在最近，為了延長保存期限，有使用一些塑膠腸衣，充填使用在維也納香腸和法蘭克福香腸。也有使用天然腸衣（羊腸、豬腸）、腸原纖維等，充填時，會自動將其扭緊打結，使用此結紮方式，已非常普遍。

比法蘭克福更大型的香腸和壓型火腿等火腿類製品，則是使用金屬製造的扣環，將兩端結紮。金屬扣環的結紮方式也是將一端拉緊，然後結紮的方式，與用手操作的方式相同。近期新的結紮機已有附充填和脫氣連續式的機種出現。

結紮時之注意要點有二：

1. 在結紮處不能有內容物滲出。
2. 一定要結紮得非常結實不可，否則在殺菌作業後，在結紮部分開始腐敗的例子很多。

第五節　乾燥、煙燻

問：乾燥及煙燻的目的何在？

答：乾燥可使肉品表面達到較佳的乾燥狀態，而使煙燻的效果更佳。

煙燻之主要目的為：

1. 使肉品增加煙燻的風味。
2. 增進保存性。
3. 增進肉色美觀。
4. 防止氧化酸敗。
5. 使製品的表面凝固。

經過煙燻後的肉製品，具有特殊的香味存在，主要是因為在煙燻過程中，會有酚類如正甲酚（0-Cresol）、丁香酚（Engenol）

等，醇類如（初、次和三級醇）有機酸，以及羰基化金屬、碳氫化合物等，與肉中的蛋白質發生反應，而形成新的風味物質。關於增加保存性，主要是煙燻中含有酚和醛類的附著物，加上煙燻中的乾燥過程，而增加其相乘效果。然而煙燻給予肉品外表美麗的顏色，主要爲梅納反應而形成褐色的物質。而能防止氧化酸敗，主要爲酚類的附著作用。而使製品的表面有凝固作用，則是因爲乾燥和加熱，使得蛋白質發生凝固，以及煙燻中產生有機酸而發生凝固。同時，乾燥和加熱會使腸衣內部之蛋白質發生變性而形成皮膜，另外，煙燻中的有機酸（蟻酸、醋酸、己酸、異戊酸），也會使蛋白質發生凝固而形成皮膜。

問：乾燥和煙燻有何相互關聯呢？

答：通常在煙燻室內，將製品吊掛、排氣口打開後，就有乾燥的效果。但是表面溫度低的製品，吊掛在煙燻室時，溫度上升後，在腸衣表面會有水滴出現，如果繼續煙燻，煙燻的顏色不易附著而且容易脫落，因此爲了將水滴去除，需要短時間加熱乾燥，使腸衣的水分去除後再煙燻，效果較佳。

同時在加熱過程中，腸衣內部的蛋白質會形成凝固的皮膜，也在表面形成多孔質，而使煙燻的成分較易滲透肉製品之內部；然而乾燥過度時，反而會造成煙燻效果的低下，因此乾燥程度需要經驗來判斷。

當乾燥過程終了時，將排氣口關閉，開始煙燻，在煙燻時，應盡量在短時間內將煙燻室充滿，這樣才能縮短煙燻時間。如果要煙燻快，充分附著後，可在乾燥過程中，使用高溫處理。如果要使煙燻味濃一點時，不能使用高溫，而是需使用較長的時間，效果較佳。

但是煙燻溫度對肉色變化也有很大影響，一般煙燻溫度低時，呈黃橙色，然而溫度高時，會有褐色化產生，因此要特別注意。

問：各種肉製品之乾燥和煙燻之條件爲何？

答：煙燻對於保存性和賦予肉製品特殊之風味，有很大幫助，但其使用上，因煙燻室（Smoking House）煙燻材料溫度、等級之不同，對於肉製品之附著程度也相異，同時附著程度也因嗜好性不同，很難下一個標準，以下爲一般肉製品之煙燻溫度及時間之條件。

製品名稱	乾燥		煙燻	
	溫度（℃）	時間	溫度（℃）	時間
帶骨火腿	15～20 55～60	2～3 天 2～3 時	15～20 65～70	2～3 天 6～10 時
里肌及去骨火腿	55～60	0.5～2 時	60～65	0.5～2 時
培根	50～60	2.5～2 時	60～65	0.5～3 時
維也納香腸	55～60	20～60 分	55～65	5～30 分
法蘭克福香腸	55～60	30～60 分	55～65	5～30 分
伯羅尼香腸	55～60	0.5～2 時	60～65	0.2～2 時
乾燥香腸	50～60	1～2 時	55～75	0.5～2 時
生火腿	15～20 50～60	0.5～1 天 2～3 時	15～20 50～60	2～3 天 3～6 時

第六節　加熱

問：加熱之主要目的爲何？

答：肉製品的加熱方法，範圍有乾燥、煙燻、蒸煮和水煮等，但一般加熱以蒸煮和水煮爲多。

加熱之主要目的爲：

1. 殺菌。

2. 肉的發色。

3. 使肉中之酵素失去活性。

4. 蛋白質的熱凝固。

5. 增加風味。

殺菌爲確保肉製品之衛生和安全，必須將細菌完全殺死，但將細菌完全消滅時之溫度，可能對肉製品之風味和質地有影響。目前完全殺菌稱作 Sterilization，而部分殺菌稱作 Postenrization，而在肉製品大都使用部分殺菌法，即加熱溫度爲 63℃、30 分，可以將大部分的腐敗菌如 *Salmonella*、*Pseudomonas*、coliforms、*Micrococcus* 等，以及 *Bacillus* 屬和 *Clostridium* 屬之食物中毒菌消滅，肉品的發色，可因加熱而形成亞硝基肌紅蛋白而發色，而色素的形成，對於肉蛋白質的 S−H 基之還原作用有促進效果，因此加熱爲肉品發色不可或缺之條件。

同時使肉中酵素失去活性，乃利用蛋白質熱凝固，使酵素失活。如果在肉中有酵素活性時，蛋白質分解酵素（Protease）和脂肪分解酵素（Lipase）之作用，會使保存中之肉製品容易發生變質。

蛋白質的熱凝固，對於乳化型的西式香腸，更是不可欠缺之因

子，蛋白質的皮膜中，包圍著脂肪球和水分而形成乳化，產生凝固作用，從乳化之 Sol 狀態，因加熱而轉變形成 Gel 狀。

在風味上，因胺基酸和單醣、雙醣的梅納反應（Miard Reaction），而形成風味物質。另外，尚未明瞭的爲含亞硝酸的狀態下加熱，對於肉製品的肉臭味有矯正效果，進而形成新的風味。

問：**加熱條件和微生物的消滅之相互關係爲何？**

答：肉製品之加熱條件爲 63℃、30 分之加熱殺菌。在此種溫度範圍下，大部分的細菌都被消滅，如與家畜之疾病有關之豬丹毒菌，約在 55℃、15 分消滅，結核菌約 58℃、10 分消滅，牛痘之病毒約 60℃、8 分消滅，豬霍亂之病毒約 60℃、10 分消滅，口蹄病之病毒，約 70℃、15 分左右消滅。

但與生鮮肉和肉製品有關之一般細菌爲大腸菌（*Escherichia coli*）約 55～57℃、約 1～20 分左右，*Salmonella typhimurium* 57℃、1～20 分左右，*Staphylococcus aureus* 約 65℃、10 分，60℃約 34～43 分左右，*Bacillus subtilis* 菌體約 53℃、4～12 分左右，黴菌、酵母等微生物，如 *Aspergillus niger* 約 60℃、10 分，*Saccharomyces cerevisiae* 約 60℃、10 分左右。

但是，在細菌中，高溫環境下仍然存活的一些芽孢和黴菌的孢子，像此種細菌，如 *Clostridium botulinum* 的芽孢，在 15℃、35 分間，*Cl. perfringens* 之芽孢在 90℃、15～45 分，而在 100℃約需 6～17 分左右。*Bacillus cereus*（芽孢）約 99.5℃、6 分左右，*Bacillus*（芽孢）約 99.5℃、4～12 分左右。另外，臘腸菌中耐熱性最高的 A 和 B 型芽孢，100℃、約 360 分，105℃、120 分，110℃、36 分，115℃、12 分，120℃要 4 分左右才能消滅。

因此為了要完全殺菌，要將此種之臘腸菌（*Botulin* 菌）之芽孢完全殺死不可。一般以罐頭的殺菌利用為多。一部分之食物中毒菌，所產生之毒菌，如臘腸菌毒素 80℃、3 分或 100℃、1 分可被破壞，而 B 型在 100℃、60 分加熱才能被破壞。

問：根據加熱之中心溫度和時間之關係，要如何去考慮才適當呢？

答：肉製品的加熱殺菌方法有用水煮和蒸煮兩種，因方法之不同，熱之傳導也不盡相同，如以水之比熱為 1，而水蒸氣為 0.48，水煮的熱傳導率比蒸煮多 2 倍以上。如空氣之比熱為 0.24，熱之傳導率更差。

另外在加熱之肉製品部分，也因肉的種類、脂肪之含量不同，其熱傳導率也相異，如脂肪較少的肉為 4.78 kcal/mh℃。由以上可以得知，肉和脂肪之熱傳導率不同，所以脂肪含量多的製品，所需加熱時間則需愈長。即使同樣的脂肪含量，但在肉表面有脂肪覆蓋的時候，和以乳化狀態存在時，也有不同的熱傳導率。

問：加熱殺菌法之分類和其條件為何？

答：加熱殺菌法，有下列幾種方法：

1. 低溫殺菌法（巴斯德殺菌法）

　　一般所謂的低溫殺菌法，本來用於牛乳的殺菌，但目前已經很普遍的用於肉製品殺菌。殺菌條件約在 62～65℃、30 分加熱，對於營養價值和風味沒有損失，但對一些病原菌可以有效滅菌。然而對於一些有芽孢的非病原菌，沒有辦法將其消滅，所以受到汙染時，就容易發生腐敗，因此，使用冷藏等其他抑制條件並用較為安全。

2. 煮沸殺菌

　　對於一些不形成芽孢之一般細菌，在 100℃、5 分煮沸時，細菌
蛋白質會因熱凝固而消滅，但芽孢在此條件下，仍然能夠生存。
因此，煮沸殺菌之方法，通常在真空包裝後之二次殺菌使用。

3. 間歇殺菌

　　使用大氣壓的蒸氣（100℃）30 分之殺菌方法，因為芽孢仍然
能夠殘存，為了要完全滅菌，所以在 24 小時間三次殺菌。

4. 高壓蒸氣殺菌

　　121.5℃（2 氣壓下）20 分殺菌，即使是芽孢，也可以一次殺
菌，一般利用在罐頭食品為多。

5. 乾熱殺菌

　　利用在不能使用蒸氣殺菌的食品上，由於此蒸氣熱傳導更差，
所以殺菌效率不佳，通常 150℃、1 小時加熱是有必要的，但
使用 180℃、20～25 分加熱，也具有同等效果。

問：加熱對於結著劑之影響為何？

答：一般結著劑有澱粉、植物性蛋白質（如大豆蛋白質、小麥蛋白
質）、動物性蛋白質（如乳清蛋白質、卵蛋白質和血液蛋白
質）、明膠（Gelatin）、脫脂、乳粉、小麥粉等。對於肉保水性
較低的乳化香腸，係為加工時，為了防止脂肪和游離水的生成，
所添加之物質。雖然在現實的利用上，常因肉的品質而添加不同
分量的結著劑，但仍以依照配方，添加一定量之結著劑為多。

結著劑之主要功能為：防止游離水和脂肪游離之發生而添加，因
此具高水和性是有必要的，還有要能充分與肉組織相互混合（如
親和性、Gel 形成性、咀嚼感（Texture）之影響），不能有異
味、異臭等。

以下為常用結著劑的固化溫度：

物質名	固化溫度或凝固溫度
玉米澱粉	60℃開始膨脹，70℃急速膨脹，在 90℃時，黏性最高而漸漸固化。
小麥澱粉	85℃以上開始糊化。
卵白	65℃開始凝固、80℃完全凝固。
大豆蛋白	通常 63℃、30 分加熱，會形成強固的 Gel。

問：經過加熱後，要迅速冷卻之理由為何？

答：經過加熱處理後，放置在空氣中冷卻時，由於冷卻較慢，天然腸衣之肉製品表面會形成皺紋，為了避免皺紋發生，在加熱後，應迅速用淋浴之方式急速冷卻。

　　另外，在比較高的溫度下放置冷卻時，對於加熱而殘存之細菌芽孢會開始發芽，會降低製品之貯藏性。如在中心溫度加熱至 75℃之殺菌溫度，好氣性芽孢形成菌 *Bacillus* 屬的芽孢，有殘存的可能性，如在 10℃以下迅速冷卻，*Bacillus* 屬的細菌發芽和增殖就較為困難。如天然腸衣的肉製品，在做急速冷卻時，如用淋浴式冷卻，很容易被地面反彈的汙水所汙染，因此，利用強制通風式的冷藏庫，在低溫下急速冷卻，效果較佳。

　　如使用塑膠腸衣之肉製品，冷卻後常在製品表面有皺紋產生，這些塑膠腸衣本來收縮性狀就很好，特別在高溫時，收縮率更高，因此可在 90～100℃的熱水中浸漬 1 分鐘左右，然後急速冷卻，則皺紋狀會消失。由於塑膠腸衣之收縮性良好，也常利用此種性質當作第二次包裝材料，在利用時，如有皺紋產生時，同樣可利用上述方法，在熱水中浸漬 1 分鐘後，然後急速放入冷卻水中，急速收縮狀可達到平滑完整的產品需求。

第四章

肉品加工之品質管理和檢查法

第一節　肉品加工製品之品質管理

問：品質管理其範圍和意義為何？

答：所謂「品質管理」之主要意義為製造之產品能符合消費者所要求的品質，而且在所製造的產品方面，能以更經濟的手段，製造出均一的良好產品稱之。

現代化的品質管理是採用統計的方法來進行，不僅在產品的生產方面要做品質的管理，而且整個企業要全力配合，像此種品質管理稱作全公司的品質管理，假如以產品的品質為重點時，特別要注意下列幾點：

1. 對於消費者的需求要調查研究。

2. 要製造設計能滿足消費需求的產品（設計的品質）。

3. 要忠實的生產所設計的產品（製造的品質）。

4. 製品要能販賣給消費者（販賣、售後服務的品質）。

以上為企業內活動的四個順序。

以上四個順序的 Cycle，主要以企業對品質的責任感，和重視品質為基礎，然後再發展至銷售、販賣，才能得到消費者之信賴（圖 4-1）。

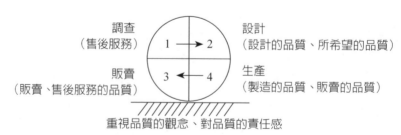

圖 4-1　企業內活動的四個順序 Cycle

問：品質管理的基本要點為何？

答：依照我國所規定之食品衛生法與法律為指導基準，而且訂定產品之下限基準，這樣才能製造出滿足消費者的需要，除了上述之法定基準外，在製品的品質方面，要特別注意，這樣才能製造出品質均一的產品，而得到消費大眾的信賴，那產品在品質管理上，有哪些要點呢？

1. 原料管理

　原料肉為產品之基本，如使用不良的原料肉，不管後面的管理如何完備，也絕不能製造出良好的產品，因此對於所使用原料肉的鮮度、保水性、衛生、溫度、pH 值等，都要仔細檢查，且依照原料肉的品質做各種評價，決定加工的指標（製品的種類）。另外在腸衣添加物方面，也要做同樣的檢查，以免汙染了原料肉。原料肉管理為品質管理的重要基礎，因此要特別重視。

2. 工程管理

　工程管理的要點有二個：

　(1) 生肉至中間製品間的溫度管理。

　(2) 如何防止微生物的汙染。

　假如將上述二點充分考慮，在製造工程的條件設定、維持和與下游製造工程的連接條件也要充分考慮。

3. 設施管理

　對於建築物、機械器具、給水、排氣、排煙、汙水處理等，與製造有關的設備之管理都包含在內，但在品質管理中，另外的部分，如保養及機械等，也有包含在內。

4. 製品管理

　對於最終製品（Final Products）之微生物、添加物含量、營養

價值、官能品質、賞味期限（Shelf Life）（保存性的決定）、說明的檢查等，最好能依照製品的種類不同，和製品之容許範圍內去設定。

5. 流通運銷管理

從工廠的貯存庫運輸至分銷店的製品，其製品的貯藏、輸送及販賣條件，如溫度、溼度的控制和二次汙染的可能性，都要仔細管理，制定一定的基準和容許範圍是有必要的。

問：使用化學分析方法對品質評價之方法為何？

答：使用化學分析的方法，能夠明瞭製品的成分組成和特別成分的量，這樣才能對製品的品質、嗜好性和營養做一些評價。一些肉製品，如西式火腿、培根等製品中赤肉和脂肪之比率，煙燻後之乾燥程度，對於產品之嗜好性、品質均有很大之影響。而且對於製品的水分、脂肪、蛋白質含量比率都有很大的影響，因此，可將以上的成分去做定量分析，而由其數值作為判定基準。

西式香腸比西式火腿、培根更為複雜，因為除了赤肉和脂肪等主要原料的配合比率不同外，另外添加的脂肪、冰水、結著劑（澱粉、脫脂奶粉、膠原蛋白、植物性蛋白質）種類不同，而對西式香腸有很大之影響。

目前常使用的評價方式有以下四種：

1. US 方式。

2. USDA-MTD 方式。

3. Stubbs and More 方式。

4. A.O.A.C 方式。

以上為美國常用的方式，其方式和基準並不一定適合我國國情，而且對於中式肉製品也不一定能適用，但是對於西式肉製

品，如西式火腿、西式香腸等加工肉品之水分、蛋白質、脂肪的平衡觀點，可以顯示製品之特徵，而確定其成分。就上述四種方法分述如下。

1. US 方式

$$\frac{W}{P} \text{（W：水分 %，P：蛋白質 %）}$$

對於肉製品的水分和蛋白質而求得其比率，可以得到製品的特定分布區域。一般豬肉的 W/P 約在 3.5〜3.9 之間，除了特別乾燥的製品外，幾乎一些製品都在豬肉分布區域的範圍內，假如 W/P 值超過 4 以上，表示水分含量過高，蛋白質含量較低，相反的，在 3.5 以下時，表示產品過度乾燥，或者有添加其他動、植物蛋白質的可能性。

2. USDA-MID 方式

$$W + NaCl - 3.83 \times P$$
$$\text{（W：水分 %，NaCl：食鹽 %，P：蛋白質 %）}$$

此種方式為推測西式火腿的添加物之配合含量，如果除了肉以外，不含其他增量劑之製品，其值為負值，如添加了其他之增量劑，其值為正值。

3. Stubbs and More 方式

$$\frac{N \times 100}{3.45} + F \text{（N：氮 %，F：脂肪 %）}$$

此種方式為推測肉之含量，如使用一般製造方式去做乾燥、煙燻時，水分含量會降低，相對的，氮含量和脂肪含量會增加，而達到 100，相反的，在 100 以下時，表示含有肉以外的物質存在。

4. A.O.A.C 方式

$$\frac{W - 4P}{1 - 0.01W + 0.04P} \quad (\text{W：水分\%，P：蛋白質\%})$$

此種方式以生肉中水分和蛋白質的比率為 4：1 當作基準，而推測西式香腸的加水比率。在西式香腸乳化過程中，在細切時，需要添加冰水，如果添加量適當時，經過乾燥、煙燻的過程，水分會減少，所以值會降至負值，如果為正值時，表示水分添加過量。

問：官能檢查的目的和檢查方法為何？

答：官能檢查是以使用人的感覺作為判定基準的檢查方法，肉及肉製品可分為形狀、色澤肉質及香味等項目。此種檢查較為主觀，因此必須視對象不同而訂出基準。一般都訂在 3～5 階段，而設定其級別（Ranking）。

物理化學的檢查為一種較客觀的判定方式，但是對於檢查的設備、經費、時間及品質有直接影響，在做考慮時，並不是一種最適當的檢查方式，而是必須配合主觀的官能檢查做相互對照。一般的官能檢查方式，可分為形狀、色澤、肉質、香味等四個主要項目，而各項目以 5 點去做評價，如：

　　1 點：很差。

　　2 點：差。

　　3 點：普通。

　　4 點：好。

　　5 點：很好。

平均點為 3 點，或者 3.5 點，如在平均點以下，則表示此種產品不合格。

問：水分活性對肉品有何意義？

答：水分活性（Water Activity）對於乾燥、鹽漬之肉品中之水分和
微生物有很大的影響，其公式如下：

$$在密封的系統中：AW = \frac{P}{P_0}$$

P：樣品的水蒸氣壓

P_0：水的水蒸氣壓（1.0）

微生物的發育受到溫度、水分、pH 值、營養來源的影響很大，
其中有一項缺乏，微生物也就不能發育生長。自古以來所使用之
乾燥、鹽漬等方法，主要是將微生物發育所必要的水分降低、去
除之保存方式。上述之方法，除了將水從肉品中除去之外，還有
將食鹽、糖溶在水中，而使微生物能自由利用之「自由水」減
少，而達到保存之目的。舉例說明：

在密閉容器中，將鹽漬肉放入，在一定之溫度下，放置一定時間
後，空氣中之溫度和樣品中之水分增減會漸漸的安定，而達到平
衡狀態。

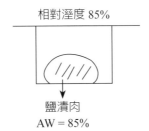

相對溼度 85%

鹽漬肉
AW = 85%

圖 4-2　空氣中之相對溼度和樣品之水分活性已達平衡

利用 AW = P/P_0 的公式，代入 AW = 0.85/1 = 0.85，此時空氣中之
相對溼度和樣品之水分活性已達平衡狀態（圖 4-2），因此水分

活性與相對溼度是相同的。溼度是以 % 表示，但 AW 以小數點表示。一般的肉製品如培根，AW 約在 0.93～0.97；里肌火腿約在 0.96～0.98；乾燥香腸約在 0.8～0.86，除了一些乾燥香腸之外，一般肉製品的水活性都相當高，因此並不能阻止微生物的增殖。另外，脂肪不能溶於水，所以對降低水活性沒有很大的效果。

問：保水性和結著性與品質之關係為何？

答：在肉中的水分以各種狀態存在，而且因畜種、部位、鮮度之不同，水在肉內的保持能力即保水力有很大的差別。

凍結肉在解凍時，即使凍結、解凍的條件一定，其產生的汁液也不盡相同，在調理或製造製品時，較不易產生游離水的肉，對製品的製成率較佳。

另外，對於西式香腸的品質之影響要素為：肌肉蛋白質、脂肪、水分等三部分的乳化作用是否良好，也是一個重要因素。

一般來說，水和油是不相溶的，但經過乳化之後，可使水、油相互混合，主要是受到肌肉蛋白質中之鹽溶性蛋白質之影響，因此在肉中添加食鹽和磷酸鹽，將肉中之鹽溶性蛋白質抽出，此為製造工程中的一個重點，因此，與保水性一樣，肉中之結著性，對於西式香腸的品質有很大影響，在肉品的製造工程中，肉之保水性和結著性占有很重要的地位。

問：原料肉和製造工程之溫度管理要注意哪些事項？

答：原料肉首先需經過分切處理，時常會受到汙染，即使在製成製品後，也很容易造成二次汙染，因此原料肉之溫度管理非常重要，在各種製造工程中，應儘量保持低溫。

一般在分切處理時，除了保持低溫外（18℃以下），作業速度也

要快，這樣才能降低微生物的快速增殖。一般而言，微生物在肉之表面含量最多，因此在貯存時，表面溫度之變化要特別注意。在加工的煙燻和乾燥工程中，細菌之繁殖最適溫度在 20～40℃ 左右。因此要儘量避免此溫度帶，但是在加熱工程中，是以殺菌為主要目的，因此不僅是肉之表面溫度，對於肉之中心溫度，也要特別注意。

第二節　衛生管理

問：衛生管理的意義為何？如何實施？

答：衛生管理之意義為預防因飲食所引起之健康障害，特別對於有害食物的排除其實施方法為：

1. 作業員的勞動、健康、教育管理——對作業員之安全性的確認和幫助條件的改善，特別是對於作業員衛生知識的教育等。
2. 製造工程間之原料、製品的管理。
3. 設施、環境的管理——肉品關聯設施的衛生設備、清洗、包裝材料的安全和是否會引起環境公害等。

問：防止因細菌所引起之食物中毒，有哪三大原則呢？

答：1. 要防止細菌的汙染

在分切、製造過程中之作業人員，對於手指之洗淨、消毒要特別留意，特別是手指有化膿性傷口之人員，最容易引起葡萄球菌之汙染。同時，作業人員要隨時實行檢便，以防帶菌者引起汙染。有下痢之人員，應避免有關調理、包裝之業務，在砧板、刀子使用後，應使用熱水消毒。對於鼠類、昆蟲類之汙染防治要澈底，因此要有驅除和防止動物侵入之設施。

2. 要抑制細菌的增殖

在食品中，除了罐頭之外，要達到完全無菌且維持其狀態者，在實際上是不可能的，因此在一般食品中，多少仍有細菌殘存，抑制細菌的增殖，為防止食物中毒最重要的方式，故食品應儘量避免長時間放置在高溫或室溫中，應儘量放置在低溫貯存。

3. 殺死細菌

除了一些如葡萄球菌所產生之強烈毒素所引起之食物中毒外，大部分食物中毒都以沙門氏菌、腸炎弧菌、大腸菌等感染型之食物中毒較多，如在包裝前能充分加熱調理，就可殺死細菌，然而冷凍無法將細菌完全殺死，只能抑制增殖，冷凍中止時，仍然會繼續繁殖，因此要特別注意。

問：在肉品加工時，微生物管理要留意哪些重點？

答：在加工過程中，可分為醃漬、乾燥、煙燻等加工過程，其微生物管理之重點為：

醃漬：在醃漬時，主要抑制以 *Psendomonas* 為中心之低溫腐敗菌增殖，同時在醃漬時添加之亞硝酸鹽主要以發色為其主要之目的，但對於 *Botulism* 菌和 *Clostridinm perfringen* 菌也有抑菌效果。

加熱：在經醃漬過程後之原料肉，沙門氏菌之殘留仍然存在，因此需要利用加熱將其消滅，一般常用之加熱溫度為中心溫度 70～75℃、20～30 分之加熱，可使沙門氏菌消滅。

煙燻：主要因時間、溫度不同，對其保存性也有很大之差異，雖然使用高溫煙燻，也不一定就有較高之殺菌效果，而是因煙燻材料中產生煙的成分，具有某種程度的抗菌作用。

問：產氣莢膜桿菌之汙染來源爲何？其預防方法？

答：此菌若在食品中異常增殖時（食品 1g 中，菌約 1 億個左右），攝取此種食品就會引起中毒（圖 4-3）。在人體內被攝取的菌，在腸內由增殖型轉移爲芽孢。此時並非菌體存有毒素，而是因其中毒發生機制與感染型、毒素型有異，而被分類爲中間型。此菌爲嫌氣性芽孢形成菌，芽孢在土壤和汙泥中分布，在人類和動物的糞便中常被檢出。被此菌所汙染的肉類，經過加熱調理後，如果長時間在室溫放置時，耐熱芽孢會殘留且很容易發芽，50℃開始發芽，然後以 10～20 分鐘的分裂速度開始增殖。此類食物中毒，在美國的患者較多，約占全體病患人數的 50%。以餐廳、學校的營養午餐較常發生。

從國內膳食漸漸西化、外食產業化的興盛，和學校營養午餐的普及等因素來看，對此類食物中毒要特別注意是必要的。

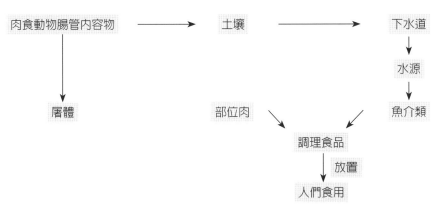

圖 4-3　產氣莢膜桿菌汙染途徑

※ 預防方法：

1. 食品經加熱調理後要儘早食用。

2. 食品要在低溫（10℃以下）或高溫（60℃以上）保存。

3. 食品於食用前要加熱。

問：葡萄球菌之汙染來源為何？又其預防方法為何？

答：此種食物中毒為毒素型。此菌與人類和動物之化膿性病患有關；同時在健康人類的鼻腔和皮膚、土壤和空氣中也廣泛分布。此菌在食品中增殖時會產生腸毒素，此種毒素會引起人類患病。此種毒素為耐熱性，普通的加熱方法，無法使其分解（圖4-4）。

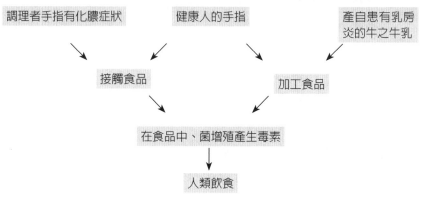

圖4-4　葡萄球菌的汙染途徑

※ 預防方法：

1. 食品用的器具要加以消毒。

2. 防止食品的汙染：手指有化膿性的病患或是患香港腳的人，要避免其從事製造或調理的工作。

3. 在作業時，要做好個人清潔。

4. 注意食品的低溫管理。

5. 食品調理後，要儘早食用。

問：沙門氏菌（*Salmonella*）之汙染來源為何？又其預防方法為何？

答：此為感染型食物中毒，此菌在人和動物中存在。在動物方面，如
牛、豬、雞、狗、貓、鼠等都存在（圖4-5）。沙門氏菌汙染食
品後，在食品中增殖，並攝取該食品養分而引起中毒；同時在下
水道、河川中也常被檢出。因此，食品也很有可能被直接或是間
接地受到這些環境汙染。此種食物中毒之發生期，在6月到9月
較常發生。

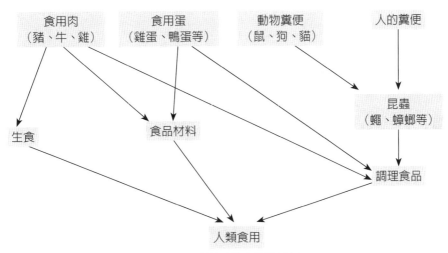

圖 4-5　沙門氏菌之汙染途徑

※ 預防方法：

1. 肉和蛋要完全加熱後才能食用。

2. 對於內臟或禽肉的生食應避免。

3. 儘量做好食品的低溫管理。

4. 驅除老鼠、蒼蠅、蟑螂等。

問：有關肉品加工廠及生鮮處理場之消毒，以何種消毒劑最為普遍，其優點為何？

答：在肉品加工廠及生鮮處理場之機械類、器具類之消毒，以使用次氯酸鈉（NaClO）最為普遍，其主要優點如下：

1. 有確實之殺菌力。
2. 有效氯濃度非常安定。
3. 經過稀釋之殺菌液為非毒性。
4. 濃度測定非常容易。
5. 價格便宜。
6. 不純物少。
7. 使用操作簡便。

問：次氯酸鈉之使用方法和使用應注意事項為何？

答：次氯酸鈉以各式各樣之商品名稱販售，分為氯含量 5～6% 和 10～12% 兩種。殺菌劑之配製法如下：

$$\frac{藥品濃度（\%）}{希望之有效氯濃度（ppm）} \times 10,000 = 稀釋倍數$$

實際上，殺菌效果最佳之濃度約在 100～200 ppm，因此，濃度特別濃也沒有增進殺菌之效果。

調製實例：

例 1　次氯酸鈉 5% 溶液時：

$$\frac{藥品濃度\ 5\%}{希望之有效氯濃度\ ppm} \times 10,000 = 500\ 倍$$

例 2　次氯酸鈉 100% 溶液時：

$$\frac{藥品濃度\,10\%}{希望之有效氯濃度\,ppm} \times 10{,}000 = 1{,}000\ 倍$$

對於殺菌液之使用量，必要之原液量為：

$$殺菌液量 \div 倍率 = 原液的量$$

例1　次氯酸鈉 5% 溶液時：

所需 100 ppm 之氯水量

1,000 c.c.（1 公升）÷500=2 c.c. → 2 c.c.（原液 +998 c.c. 水）

1,000 c.c.（10公升）÷500=20 c.c. → 20 c.c.（原液 +9,980 c.c. 水）

例2　次氯酸鈉 10% 溶液時：

1,000 c.c.（1 公升）÷1,000=1 c.c. → 1 c.c.（原液 +999 c.c. 水）

10,000 c.c.（10公升）÷1,000=10 c.c. → 10 c.c.（原液 +9,990 c.c. 水）

次氯酸鈉之殺菌效果，如未經稀釋，則完全沒有殺菌力，必須經過以水稀釋，轉變形成次氯酸（HClO）後，對細菌之細胞膜才有滲透作用，使細菌內之酵素活動停止，而達到殺菌之效果。

※注意事項：由於具有對金屬表面之腐蝕性，因此在使用次氯酸鈉清洗後，要再以清水洗淨。

第三節　檢查方法

問：生鮮肉及肉製品之總生菌數、大腸菌群及沙門氏菌之測定法為何？

答：1.總生菌數

取樣品 10 g，在無菌狀態秤重後，經滅菌後之均質機絞碎放入無菌袋內，加入滅菌生理食鹽水 90 ㎖，再經過均質機均質

後，將此樣品懸濁液稀釋 10 倍（1 mℓ 樣品 +9 mℓ 滅菌生理食鹽水）、100 倍、1,000 倍，依需要而定。

再將上述稀釋之溶液中，各取 1 mℓ，放入兩個滅菌之培養皿內，再放入經加溫溶解之滅菌標準洋菜培養基（約冷卻至 45℃左右），加入約 20 mℓ 混合後，讓其凝固，放在 35～37℃之保溫箱培養 48 小時 ±3 小時，計算其菌落後，再乘以稀釋倍數，即為樣品中 1 g 之生菌數。

2. 大腸菌群

取樣品 10g 在無菌狀態秤重後，加滅菌生理食鹽水 90 mℓ，經均質後，取 1、0.1、0.0l mℓ 加入已放入 BGLB 培養基 10 mℓ 之發酵管中，各接種 5 支後，在 35～37℃、24±2 小時培養，於 BGLB 培養基之發酵管有發生氣體時，再從有氣體發生之發酵管用白金耳劃到 EMB 培養基內，以 35℃進行 24 小時培養，將定形和不定形之菌落接種到二個以上之 LB 培養基和普通洋菜斜面上，在 35℃培養 48 小時，如在 LB 培養基有產生氣體，且比普通洋菜斜面有較多之菌數，再利用革蘭氏染色鏡檢之結果，如為革蘭氏陰性且無芽孢之桿菌時，就可確認大腸菌群為陽性。

3. 沙門氏菌

用 EEM 培養基調整原料後，再以增菌培養基進行，如 Tetra-thionate 培養基在 37℃、24 小時下（或用 Selenite Cystine 培養基、Selenite Brilliant Green（SBG）培養基時，則在 43℃、24 小時下培養），增菌後再用確認培養基做確認試驗。

用 DHL 培養基做平面培養，用鉤菌法將黑色菌落放於 TSI 瓊脂培養基中培養，在高層部（穿刺法）變黃或變黑而產生氣體。在斜面部（塗抹法）表面，假如產生紅色者，則為陽性

反應。另外，在 SIM 培養基培養，假如培養基全體變黑則為陽性；還有離胺酸脫羧試驗用培養基（Lysine Decarboxylase Broth）呈紫色時，也是陽性反應。但是，確認試驗之培養，都以 37℃、18～24 小時之情況下行之。

Salmonella 的菌敷，是以一定量之試料在 EEM 培養基中以 37℃、24 小時培養後，再將其 1～10 mℓ 加入 10～100 mℓ 之 Tetrathionate 培養基中（37℃、24 小時）使其增菌，再由白金耳在 DHL 平面培養基中劃線，並以 37℃、24 小時培養。

在分離培養基平面上之異色菌落（H_2S 產生）用鉤菌法，將 10 個菌落接於 TSI 或 SIM 培養基中，若有顏色之性狀顯示時，則表示有 *Salmonella* 菌存在。

問：色、香、味等感覺之性質，其測定方法為何？

答：1. 色

可使用色差測定器。

樣品之調製：將肉或肉製品切成約 13 mm 之厚度，將測定器與肉表面密著測定之，可求得 Hanter 之 L、a、b 值。

L 值：代表亮度，L 值愈大表示愈白，愈小則愈接近灰色。

a 值：紅色度，愈大則表示愈紅，反之，則愈不紅。

b 值：黃色度，與上述同。

彩度：$\sqrt{a^2 + b^2}$

色相：tan A 或 b/a

2. 香

香味之測定可使用氣相色層分析儀（GC）來判定。

3. 味

除了使用官能品評外，無較客觀之方法測定。

問：生鮮肉和肉製品之水分、蛋白質、脂肪含量之測定法為何？

答：1. 水分（Moisture）

(1) 樣品之秤取：將樣品充分均質後，精秤 2 g 樣品放入已精秤之秤量罐中（Cg），再精秤其重量（Ag）。

(2) 乾燥：放入 135±2℃之恆溫器中，2 小時加熱乾燥。

(3) 秤重：將乾燥後之樣品，連同秤量罐放入乾燥箱（Desiccator）內冷卻 1 小時後，再精秤其重量（Bg）。

$$水分含量（\%）= \frac{A-B}{A-C} \times 100$$

使用器具：

(1) 分析天秤。

(2) 乾燥烘箱。

(3) 秤量罐。

(4) 乾燥箱（Discator）。

(5) 均質機。

2. 蛋白質（Protein）

定量肉品中之全氮量（Total Nitrogen, TN），再乘以蛋白質係數（100÷16 = 6.25），而求得粗蛋白量（Crude Protein）。

精秤 2 g 樣品在硫酸紙上（Sg），放入分解瓶內加 0.1～0.2 g 之分解促進劑，再加 30 mℓ 之濃硫酸，在分解裝置中加熱分解至透明為止（3 小時）。在分解時，會產生刺激性的氣體，因此要注意排氣。

分解後，將冷卻後之溶液，以蒸餾水洗滌至 100 mℓ 的定量瓶內，再用蒸餾水加至標線位置，以此當試驗溶液。

試驗溶液在鹼性下做蒸氣蒸餾，餾液在 20 mℓ 後，將此 N/20

H_2SO_4 溶液吸收後，以標定後之 N/20 H_2SO_4 做滴定。

$$蛋白質（\%）=(b-a)\times f\times 0.7\times 稀釋倍數 \times \frac{1}{3}$$
$$\times \frac{1}{1000} \times 6.25 \times 100$$

f：N/20 H_2SO_4 之 Factor

b：Blank 之滴定值

a：試料餾液之滴定值

S：試料重量（g）

3. 脂肪（Fat）

將細切或絞碎試料 2 g 放入圓筒濾紙後精秤，放入 135±2℃調節之恆溫乾燥箱內，做 2 小時加熱乾燥，圓筒濾紙冷卻至常溫後，脫脂棉輕輕的放入抽出管，再將燒瓶放入乙醚（Ether），在抽出管下方固定，而上部則固定冷卻管，一面加溫一面抽出（每秒 5～6 滴下，速度約 4 小時，每秒 2～3 滴則需要 16 小時）。抽完後，將圓筒濾紙從燒瓶中取出，乙醚在抽出管部分回收，移至其他之容器，而燒瓶收入 105±2℃之恆溫乾燥箱內，乾燥至定量爲止。

$$脂肪（\%）=\left[（燒瓶 + 脂肪）之重量 - 燒瓶之重量\right]\times \frac{1}{S}\times 100$$

S：試料重量（g）

問：生鮮肉和肉製品之食鹽含有量之測定方法爲何？

答：測定方法有 Volhard 法和 Mohr 法，及使用鹽分計之簡易測定法。

在此介紹 Mohr 法：

精秤細切之 5 g 原料，放入均質機的杯內，加微溫（35℃）之蒸餾水 30 mℓ 做均質處理後，放入 100 mℓ 之定量瓶內，以蒸餾水洗滌至定量瓶 100 mℓ，再將此溶液以東洋濾紙 No.5B 濾過後，使用 5 mℓ 之球形吸管移至三角錐瓶，將此檢液加 K_2CrO_4 指示劑在 N/100 $AgNO_3$ 溶液做滴定。

$$NaCl（\%）= 滴定值（mℓ）\times \frac{0.585}{1,000} \times \frac{100}{5} \times \frac{100}{試料重（g）} \times f$$

f：N/100 $AgNO_3$ 之 Factor

問：肉製品澱粉含量之測定法為何？

答：1. 試料之調製

將試料均一磨碎。

2. 抽出

取調製後之試料精秤 5g，加含 8% KOH、95% 酒精之溶液 40 mℓ，在水溶液做 30 分鐘加熱溶解，加 95% 酒精至加熱溶解前之液量後冷卻 1 小時，移至遠心分離管，以 400 轉／分做 5 分離心，將分離管內之沉澱物以 4% KOH、50% 酒精溶液和 50% 酒精溶液，做各二回之洗淨後，移至 200 mℓ 之糖化分解瓶內。

3. 糖化

將移至糖化分解瓶內之沉澱物，添加 25% HCl 20 mℓ，在沸騰之水解槽中做 150 分鐘之加水分解，冷卻後，移至 500 mℓ 之定量瓶中，以 10% NaOH 溶液中和後，定容後，當作還原用之檢液。

4.還原及滴定

還原用之檢液，以 Somogyi A 液及水各 10 mℓ，加入 100 mℓ 之三角錐瓶，上以冷卻管固定，做加熱處理。在 2 分鐘內沸騰，正確的沸騰 3 分鐘後，迅速在流水中冷卻，再加入 Somogyi B 液及 C 液各 10 mℓ，以振動使其充分混合後，以 1% 之澱粉溶液爲指示劑，再以 Somogyi D 液滴定。

澱粉含有率之計算：

$$
\text{澱粉含有率（\%）} = \\
1.449 \times \{ [\text{空白試驗之 Somogyi D 液之滴定數（mℓ）}] - \\
[\text{本實驗之 Somogyi D 液之滴定數（mℓ）}] \} \times f \times 50 \times \\
\frac{1.0}{\text{試料重（g）}} \times 0.9
$$

f：Somogyi D 液主力價

1. Somogyi A 液

   (1) 酒石酸鉀鈉 90 g 或 $Na_3PO_4 \cdot 12H_2O$ 225 g 溶於水 700 mℓ。

   (2) $CuSO_4 \cdot 5H_2O$ 30 g 溶於 H_2O 100 mℓ。

   (3) KIO_3 3.5 g 溶於少量水。

   (4) 將 (1)、(2)、(3) 混合加至 1 ℓ。

2. Somogyi B 液

   KI 20 g，草酸鉀 90 g 溶於 H_2O 至 1,000 mℓ。

3. Somogyi C 液：

   $6NH_2SO_4$ 稀釋 3 倍。

4. Somogyi D 液

   N/20 $Na_2S_2O_5 \cdot 5H_2O$ 6 g 溶於水至 1,000 mℓ。

第五章

肉品加工機械

第一節　肉品處理機械

問：帶狀切片機（**Band Saw**）是怎樣的一臺機器呢？

答：對於屠體和部位肉（包含分切肉）等，以帶狀鋸高速回轉，將肉切片或切碎之機器，稱作帶狀切片機。以寬 1.5～3 cm 的帶狀，在固定桌或可平行移動之桌上，將對象物切斷。另有應用在冷凍肉和帶骨牛排的切片上的。

問：軟化機（**Tenderizer**）之用途為何？

答：軟化機係將肉利用機器使其軟化，共有兩種方式。
軟化機之作用原理為，將原料肉之肌肉纖維切斷而達到軟化之目的。形式有手動式，另自動式之處理量為 2.5～4.5 噸／小時，另有一種機器，不僅可切斷肌肉纖維，也有注射醃漬液的功能。

問：剝皮機（**Skinner**）是怎樣的機械？

答：在屠宰場中，將牛、豬等屠畜的皮，利用機器將其皮剝下之機械，稱作剝皮機（**Skinner**）。
在豬的剝皮方面，使用滾動法剝皮，或使用拉開式剝皮，平均 500 支／小時左右。
在部位肉方面，如使用在腹脅肉上的去皮機器，稱作 Bacon Skinner，平均處理速度約 3～4 噸／小時。

問：骨肉分離機是怎樣的機械？

答：從屠體上將肉分切下來時，都會有赤肉殘留在骨上，為了有效利用在骨中殘留之赤肉，就有所謂的骨肉分離機（**Deboner**）（圖 5-1）。

圖 5-1　骨肉分離機

骨肉分離機是利用塑膠回轉器，一面回轉一面將赤肉壓縮，而達到分離的效果，而另一種方式爲將骨一同絞碎，然後由細孔中，將赤肉以糊狀擠出，而分離的肉稱作機械去骨肉。而處理牛肉時，稱作機械去骨牛肉，豬肉稱作機械去骨豬肉，雞肉也同樣的稱作機械去骨雞肉。

荷蘭有機械利用油壓在圓筒內的碎骨，以 240～280 kg/cm^2 之壓力，瞬間將附著在骨上之赤肉由濾過器中通過，而達到骨肉分離之目的。在美國，利用機械去骨機可在 1 小時處理 2,700 kg。

第二節　肉品加工機械

問：有關絞肉機之使用目的和構造爲何？

答：絞肉機爲將肉絞碎之機械（圖 5-2），而絞肉不僅絞切而已，原

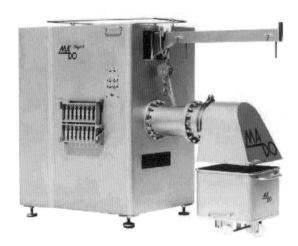

圖 5-2 絞肉機

料肉之不同、畜種之軟硬度不同、肌纖維的粗細等相異,都會影響絞肉之品質。

絞肉機之構造有螺旋器(Screw)、刀片和鋼片等。一般都使用 3 段式絞肉,使肉通過裝有不同粗細之網目,可絞成不同大小的肉顆粒。

一般常使用的為口徑 No. 42(130 mm)和 No. 52,馬達回轉速度約 1 分鐘 150～350 rpm 占多數,但也有 500 rpm,處理量約有 20 kg/hr 之小型機種和 600 kg/hr 之大型機種等多種型式。

操作時要注意絞肉機是否有鬆掉或過分轉動,鋼片和刀片間是否在最適當的絞切位置,且回轉是否順暢,最忌在絞肉時摩擦生熱,使肉溫上升,而絞出成品差且細菌含量高之絞肉。

問:細切機(Silent Cutter)之使用目的、構造和在使用時之注意要項為何?

答:細切機通常使用在西式香腸的製造(圖 5-3),特別是需經過乳

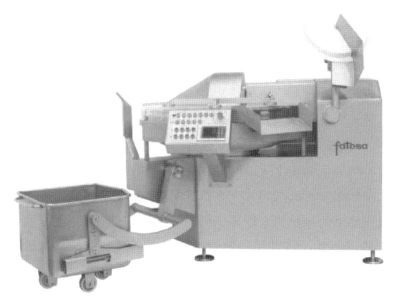

圖 5-3　細切機

化的製品。機種有從細切量 20～500 kg 之大型機種，也有在眞空狀態下做細切之眞空細切機。

細切工程是對於製品之咀嚼感好壞影響最大之製造過程，細切爲經過絞肉之肉再經細切之過程，使肉的組成中與結著性有關之成分滲出，而與肉結著，有使肉製品之咀嚼感、結著性提升之效果。因此在細切機上的刀片要保持良好，要能充分將肉細切。

其構造爲在旋轉盤上，裝上細切之刀片（因機種而異，大都爲 3～8 片），而刀片以 1,200 rpm／分之速度回轉，但最近發展出從幾百 rpm／分至 4,000 rpm／分之超高速機種，而在細切過程中做均一混合。爲了保持肉製品均一品質，對於回轉數、細切時間、原料肉之狀態等都要保持恆定，而且對於保持細切時之低溫狀態，對於冰的添加要特別注意，同時在細切時，脂肪之添加也要充分注意。

問：充填機（**Stuffer**）之種類和腸衣之關聯爲何？

答：充填機（圖 5-4）爲利用在原料肉充填於腸衣時使用，有空氣壓縮、油壓式、電動式等型式。一次之充填量可從 60～160 kg，也有眞空連結充填定量結紮機，可從充填至結紮都連續而且自動作業。空氣壓縮式充填機爲利用圓筒式的構造，在其上方開有小洞，可放置大小直徑相異的圓管，在圓筒之下部爲一鐵板，然後壓縮空氣使其往上，而使細切之肉充填至腸衣內。目前由於腸衣之種類增多，天然與人工腸衣在使用、作業上有很大的不同，因此充填機的種類也有很多，可相互對應。在使用人工腸衣時，作業較爲簡便，特別是纖維素腸衣在製造西式香腸時，可不需人工，自動充填 3,000～3,450 磅／小時。

圖 5-4　充填機

問：醃漬注射機（**Pickle Injection**）之使用目的和構造為何？

答：一般醃漬法可分為乾醃法（在肉表面抹上醃漬劑）和溼醃法（將肉浸在醃漬液中）二種。但醃漬液要滲透至肉之中心部分耗時較久，同時醃漬劑之滲透效果不容易達到均一。因此為了改良上述之缺點，將醃漬液貯放在桶內，使用輸送帶，原料肉放置其上，然後將與醃漬桶相連之注射針，約 10 支至幾十支之注射針，注射醃漬液至原料肉之中心部分，可使醃漬效果較均一，而且耗時甚短（圖 5-5）。

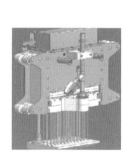

圖 5-5　醃漬注射機

問：滾打機（**Tumbler**）或按摩機（**Massage Machine**）之使用目的和構造爲何？

答：滾打機之構造爲在圓筒內部有類似羽毛般的攪拌棒，而圓筒爲一可旋轉之桶狀，可利用圓筒在回轉時，使經醃漬注射機或醃漬之肉上下移動，可使醃漬日期縮短，且使醃漬液之滲透均一。而按摩機爲在桶內設有攪拌棒，可使經醃漬之肉的醃漬情形較爲平均，且有嫩化之效果，目的與滾打機大致相同（圖 5-6）。

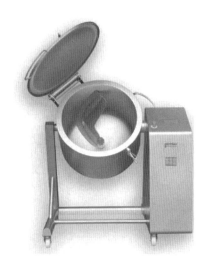

圖 5-6　滾打、按摩雙用機

問：混合機（**Mixer**）之使用目的爲何？

答：在製造壓型火腿（**Press Ham**）時，肉塊與肉塊結著時，使用此機器進行絞肉混合（圖 5-7），或者使用在西式香腸原料之絞肉和添加物混合時。目前有爲了防止在混合時間中會產生氣泡，而使用的眞空式混合機；也有爲了在醃漬時脫色、脫水而使用之混合機。

圖 5-7　混合機

問：冷凍肉切片機是怎樣的機械呢？

答：可將在冷凍狀態的原料，依需要大小做切片，在經濟、時間節省和衛生上，都有很好的利用效果（圖 5-8）。

圖 5-8　冷凍肉切片機

問：切角機（**Dicing Machine**）之使用目的為何？

答：時常用於畜肉、魚肉或者豬脂肪等，可切成角丁狀（圖 5-9）。
切角丁的大小可從 4～100 mm，常在做中式香腸切脂肪時使用。

圖 5-9　切角機

問：煮沸槽的功能為何？

答：係在製造各種肉製品（如維也納香腸、熱狗等）之加熱殺菌使用
的槽（圖 5-10），一般附設自動溫度調節器，可保持一定之溫
度加熱。如為小型簡單型，可不附設自動溫度調節器，也可將溫
度計設置於顯而易見之位置。

圖 5-10　湯煮（煮沸槽）

問：自動充填結紮機是怎樣的機器呢？

答：此種機械不僅能充填，而且能充填一定量之原料於腸衣中，且自動結紮，不管天然腸衣或人工腸衣都可使用（圖 5-11）。

此種機器可在充填後，將腸衣扭轉 2～3 回後自動結紮，工作效率佳，而且充填量可由旋鈕調整，可從數克至數百克，因此可充填各式各樣的肉製品。目前也有將商標印在塑膠薄膜上，再直接充填之機器，直徑從鉛筆大小至 180 mm 之大型充填管都有。

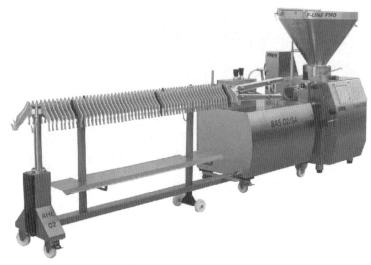

圖 5-11　自動充填結紮機

問：剝膜機（**Peeling Machine**）是怎樣的機器呢？

答：此機器一般運用在不可食腸衣如纖維素。腸衣在充填、加熱、乾燥等製造工程後，在包裝前使用此機器，以刀片或空氣壓力將纖維素腸衣剝除（圖 5-12）。

圖 5-12　剝膜機

問：全自動煙燻裝置（**Automatic Smoke House**）是怎樣的機器？

答：一般煙燻室（圖 5-13）是在密閉室內下方裝置熱源，在乾燥工程結束後，再將製品從室內取出，放入煮沸槽後，再冷卻、包裝。而所謂的全自動煙燻裝置，係為在一密閉室中附有自動裝置，能自動乾燥→煙燻→蒸煮→冷卻，全部工程都在自動化操作下進行，因此製品之品質均一，而且不需太多人手，同時溫度、溼度、時間等都能自動記錄。

在全自動煙燻室中，一般法蘭克福香腸約需 35～50 分鐘，而里肌肉火腿約要 120～150 分鐘。

圖 5-13　煙燻室

問：煙燻的方式有哪幾種？其基本作用爲何？

答：冷燻法：10～30℃。

温燻法：30～50℃。

熱燻法：50～80℃。

焙燻法：80～120℃。

其基本作用爲利用煙之成分在肉製品表面附著，而使製品外觀呈現茶褐色。由於煙內含有一些特殊成分，可抑制細菌繁殖和殺菌，同時可防止脂肪氧化酸敗，並在製品表面形成乾燥的層面，進而達到抑制細菌繁殖之效果。

第三節　包裝機械

問：眞空包裝機之種類和作用爲何？

答：所謂的眞空包裝，爲製品和包裝材料相互密著，然後將空氣脫除，使包裝袋內呈眞空狀態之方法，一般有製袋眞空包裝機、深絞型眞空包裝機、Skin 眞空包裝機等幾種眞空包裝機（圖5-14）。製袋包裝機爲將切片或形狀爲一支的製品等放入袋中，然後將空氣脫除後再熱封包裝，目前有旋轉式薄膜眞空包裝機和製袋包裝機，可將製品放入袋中，再將空氣脫除，前者有連續式包裝和手動式包裝，但後者只有連續式包裝。

深絞型包裝機爲使用一體成形之鑄型，一面有凹型，上方使用薄膜將其熱封包裝，常使用在切片火腿、維也納、法蘭克福香腸上。

Skin 型眞空包裝機爲與製品之形狀密閉包裝，同時將製品之汁液擠出分離，而且使用之薄膜有限制，不能再殺菌。

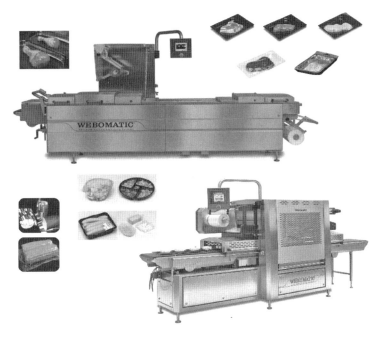

圖 5-14 包裝機械

問：氣體充填包裝機如何運作？

答：一般之肉製品如熱狗、維也納香腸，如在包裝袋中有空氣進入，
且包裝薄膜與肉製品沒有充分密著時，時常會因包裝內部和外部
溫度有落差時，會在包裝袋內發生結露現象，這些結露會有細菌
附著、增殖，而使肉製品之保存期限變短。

因此為了預防細菌的增殖，用 CO_2 氣體或氮氣來取代空氣，即
所謂的「充氣包裝」。

使用 CO_2 氣體時，CO_2 氣體用來置換空氣是一種有效的方法。
但是利用充氣包裝時，所使用的包裝袋要為空氣透過性較低之材
質。

氣體充填包裝機（圖 5-15）有直接將氣體充填包裝之方式，和

先將包裝袋抽成真空後，再充填氣體之方式，前者 50～80 包 / 分，後者 30～40 包 / 分。

圖 5-15　氣體充填包裝機

問：熱封口機是怎樣的機械呢？

答：熱封機是將包裝袋之塑膠用加熱熔融接著之方式，封口之機械（圖 5-16）。

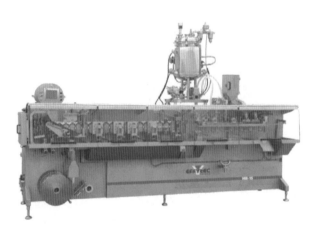

圖 5-16　熱封口機

第六章

食品加工的添加物

第一節　食品添加物

問：在肉製品中使用的天然添加物，有哪些物質？

答：使用在肉製品中之天然添加物種類非常多，主要種類如下：

1. 香辛料：主要爲香辛料的香氣成分抽出，能爲澱粉等吸附之香精等，原料來源有胡椒、洋蔥、辣椒等。

2. 煙燻液：可用於煙燻之樹木，如櫻木、杉木等之煙在冷卻後，所得之液體，可添加在肉製品內做煙燻液使用，同時用在乾燥香腸等以增加風味之洋酒類，可也稱爲天然香料。

3. 著色料：天然著色料有動物性和植物性等。

問：亞硝酸鈉爲何在肉品加工中是必要的？

答：亞硝酸鈉利用在肉品加工上，主要當作發色劑使用。

1. 原料肉在醃漬時，由於硝酸還原菌的作用，使亞硝酸發生分解，形成一氧化氮氣體（NO），可使肉中之紅色色素之肌紅蛋白和色素蛋白反應，而形成亮紅色。

2. 有抑制微生物繁殖之防腐效果，特別對於肉毒桿菌之抑制效果最佳。

3. 可將醃漬中之肉製品之臭味消除，形成醃漬之特有香味。

由於以上原因，亞硝酸鈉在肉品加工是必需的。

問：亞硝酸鈉氧化防止劑之混合比例如何較佳？

答：在化學上，因兩者爲各分子發生反應，因此以亞硝酸（HNO_2，分子量 47）、枸櫞酸（$C_6H_8O_6$，分子量 176）來比較時，氧化防止劑之添加量必須約爲亞硝酸鈉之 4 倍左右。

問：磷酸鹽之效果和種類有哪些？

答：磷酸鹽之種類非常多，一般使用磷多位磷酸（Orthophosphocric Acid）在高溫下處理所得到之脫水溶合物之多磷酸鹽（重合磷酸鹽）。這些多磷酸鹽有酸性、中性焦磷酸鹽（Pyrophosphoric Acid）和多磷酸鈉等。這些水溶液之 pH 值和對水之溶解度都相異，因此，單獨使用一種物質較為困難，目前市售之磷酸鹽多為以上各種磷酸鹽之混合物，在使用上較為簡便。

肉製品之品質，主要由保水性和結著性來決定，而以上二種性質主要由原料肉之種類、鮮度及鹽類的使用所決定。但是，目前加工之原料，大部分以使用冷凍肉為多，同時，消費者對於食鹽之含量都傾向低鹽化，因此，使用磷酸鹽，可增加保水性和結著性。但是磷酸鹽之使用量應限制在 0.3% 以下，如在 0.5% 以上時，會影響製品之風味。

問：天然著色劑有哪些物質呢？

答：天然著色劑之種類非常多，主要以植物花之色素抽出為多，但也有從植物的果實、根和動物性物質抽出的物質。

紅色主要由植物的種子表皮得到之木質紅色素，或紅麴菌生產之紅糟色素、胡蘿蔔素、番紅素等。

黃色色素是由香辛料之薑抽出之薑黃色素取得，茶色則由砂糖等，經酸、鹼或者熱處理所得之褐色素。

問：pH 調整劑之種類及使用目的為何？

答：pH 值調整劑主要使 pH 值低下為其目的，可抑制微生物的增殖，保持製品之品質。而 pH 調整劑能增進保存性之理由有二：

1. 大部分微生物增殖之最適條件 pH 值約在中性（pH 7）附近，因此製品之 pH 值下降時，可以抑制微生物增殖。

2. 一般 pH 調整劑與己二烯酸鈉等之合成保存劑合併使用，可促進這些合成保存劑之解離，而使抑菌效果增大。但是在肉製品上，pH 值下降太多時，對於製品之結著性會降低，且有離水和脂肪分離產生，而使品質降低。

一般常用 pH 值調整劑有枸櫞酸、反式丁烯二酸（Fumaric Acid）、葡萄糖酸內酯（D-Glucono-delta ladone）、蘋果酸等。

問：己二烯酸對何種微生物有效果；同時，在怎樣的條件下，效果較佳？

答：己二烯酸為不飽和脂肪酸的一種，其抑制細菌之能力並不強，只能抑制微生物之發育，而不能殺菌，因此在加工上不能當作合成殺菌劑，而以合成保存劑使用，一般對於黴菌和酵母菌抑制效果較佳，但對於乳酸菌和嫌氣性芽孢菌之效果較差，同時，這些抑菌效果在製品 pH 值較低時（酸性側時）最佳，在中性時抑菌效果會顯著低下，因此在製造時之 pH 值要特別注意，一般 1 kg 製品中，添加 2 g 以內。

問：肉品加工中，使用色素之方式為何？

答：1. 添加在腸衣上，再由腸衣轉移至製品的表面。

2. 添加至煮沸加熱的水中，肉製品再浸漬在裡面。

3. 在醃漬時添加浸漬。

4. 在包裝材料上添加色素。

5. 直接添加在肉品內。

問：使用食用焦油色素時，在肉或脂肪中，何者較易著色？

答：由於食用焦油色素不與脂肪反應，因此，不易在脂肪著色，但能

與蛋白質反應而著色。不過，對於紅色 102、104、105、106 號等色素反應較弱，會隨著貯存時間之增長，色素會分散，但對紅色 2、3 號之反應較強，不易隨貯存時間色素發生分散之現象。使用在外部著色時，利用 100 號以上之色素時，表面之色素會隨時間之增長，而逐漸擴散至內部。

第二節　增量劑

問：增量劑的種類有哪些？

答：在肉品加工中所使用之增量劑，必須能與製品中之水分相互作用，而引起加熱變性之物質。在肉製品中吸收游離水分，增進結著性為其添加之主要目的。如果添加量太多時，會降低肉製品之品質，因此一般添加範圍約在 3～5% 左右。

增量劑在澱粉類之中，以馬鈴薯粉為主，植物性蛋白質以小麥蛋白質、大豆蛋白質、乳蛋白質之酪蛋白、卵蛋白、膠原蛋白等為主，大部分利用在西式火腿和香腸上。

第三節　調味、香辛料

問：食鹽之主要功能為何？

答：食鹽對於肉製品有三大主要功能：

1. 可抑制在醃漬時之原料肉或製品之微生物增殖，可以防止在加工過程或流通階段發生。

2. 在醃漬時，可使肌動肌球蛋白質等鹽溶性蛋白質溶出，使肉製品在加熱後，不容易發生離水現象，即可增加保水性和結著性。

3. 可以當作調味料，為肉製品之基本風味之一。

問：化學調味料之特徵和使用方法為何？

答：代表的有胺基酸系統、核酸系統和有機酸系統。在胺基酸系統中則以麩胺酸鈉（L-Monosodium glutamate）較為普遍，因為其易溶於水，而且其水溶液非常安定，但是在酸性或鹼性條件下，會使其風味降低，因此使用在中性的條件下，效果較佳。添加量：0.001～0.005%。

核酸系統則以 5- 次黃嘌呤核苷酸鈉（5-Sodiun inosinate）和 5-核糖核苷酸鈉鹽（5'-GMP）等較常使用，由於在生肉中易被肉組織中之脫磷酸酵素破壞，而使其失去風味，因此對於生肉效果較差，然而對加熱後之調味則較有效用。

在有機酸系統中，則以琥珀酸鈉較常使用，易溶於水，且有蛤之鮮味。添加量為 0.02～0.03%。

問：香辛料之使用目的為何？

答：香辛料是具有芳香性和刺激性，或兩者兼有之植物種子、葉、根、花等，大都以乾燥粉末使用。除了某些特定之香腸、火腿類使用之一些特殊香辛料外，其種類大約十幾種，特別在香腸方面，如沒有香辛料時，香腸之特殊風味也就不存在了。

添加香辛料之主要目的，為利用香辛料特有之香氣成分和辣味來增進食慾，同時也可用來降低肉中特有之臭味。

問：主要之香辛料之種類和特徵為何？

答：1. 胡椒

為香辛料中最常用的，有白胡椒和黑胡椒兩種。

白胡椒爲將熟成果實外皮去除，做成乾燥粉末，一般之香腸大都使用白胡椒，添加量爲原料肉重之 0.2% 左右。

黑胡椒爲將未熟之種子乾燥後，將表皮包含在內，製成粉末，而粉末可分爲四切、六切、八切等，依絞碎程度大小不同之種類。其添加量約爲原料肉重之 0.3% 左右。

2. 豆蔻與肉豆蔻（Nutmeg 與 Mace）

將果實之種皮去除，種子乾燥做成粉末爲豆蔻，但將果實外皮乾燥製成粉末則爲肉豆蔻。具有香甜之刺激性芳香，可消除肉臭味，在肉品加工上時常使用，但因香味很強，只需添加胡椒量之 1/3～1/10 即可。

3. 甘椒（Pimiento）

將甘椒之未熟果實乾燥，做成粉末，其外觀與胡椒相似，香辛味不強，爲一基本香辛料。

4. 山艾（Sage）

將葉子乾燥製成粉末，具有特殊的香氣，其主要功用爲將肉中之肉臭味去除，特別對去除綿羊肉羶味有效。粉末使用量：1,200～1,800 ppm，精油：100～120 ppm。

5. 月桂葉（Bay Leaf）

將月桂樹葉乾燥，做成粉末狀使用，具有香味，但不具辣味。

6. 胡荽子（Coricuder Seed）

爲植物成熟果實做成之乾燥粉末，具有芳香甜味，有少量之刺激味，但容易長蟲，不易久存，一般使用量 1,000～1,500 ppm，精油 50 ppm。

7. 丁香（Clove）

將丁香花乾燥做成，因開花後香氣會減弱，因此需在開花前採取。常利用在需火烤之肉製品上，由於丁香油相較於水比重

大，因此會沉於水底，保存時不要放在金屬容器中，因可能會
腐蝕容器，因此要貯存在玻璃容器，粉末添加量約 800～850
ppm，精油 80～90 ppm。

8. 蒜粉

具有強烈之刺激味，加熱後，刺激味會降低，但蒜臭味仍會殘
留，在中式香腸等常使用。

9. 洋蔥粉

常做成粉末，主要當作去除綿羊肉腥味使用，但也常當作漢堡
之香辛料使用。

問：香辛料除了粉末外，尚有哪些？

答：香辛料除了粉末外，尚有精油（Essential Oil）和樹脂油（Oleo-
resins）兩種。

1. 精油

使用不同方法，如蒸餾法，將香辛料中之揮發性化合物如酯類
（Esters）、醚類（Ethers）、酚類（Phenols）等抽出，如油
狀物質，具特殊香味。一般香精為一濃縮物，因此香氣較為安
定，但一些抗氧化物質在濃縮時易被去除，因此較易氧化，同
時在加工、加熱過程時，香味易散失。

2. 樹脂油

利用溶劑，將植物中之香味成分取出，除了精油成分外，仍含
有其他有機化合物，其香味比精油接近天然香辛料，其缺點為
不易附著在肉品上，使用前，要先用有機溶劑稀釋後，使用上
才較有效果。

第四節　肉品之配方和加工方法

問：洋式蒸煮火腿之製造流程和其配方為何？

答：洋式蒸煮火腿的製造流程如下：

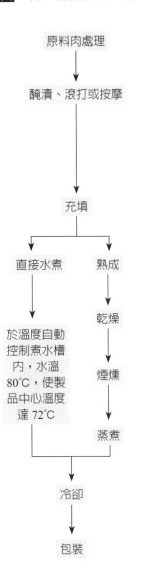

原料肉處理　　去除肥肉、筋膜及筋腱之前後腿肉，依產品種類切成大小不同的肉塊。

醃漬、滾打或按摩　　將處理後之原料肉放入含真空醃漬液之真空醃漬桶內進行滾打（或按摩），操作方法是右轉 3 分鐘，休息 7 分鐘，左轉 3 分鐘，休息 7 分鐘，置於 2～5℃冷藏室重複操作約 8 小時。

充填　　醃漬完成之原料肉與少量澱粉混合後，再用真空定量充填機充填於腸衣內。

熟成　　置於相對溼度約 75%、70℃的恆溫室中，直到中心溫度達 40℃（約 20 分鐘）。

乾燥　　於 75℃室中排氣乾燥（約 60～90 分鐘）。

煙燻　　約 20～30 分鐘。

蒸煮　　蒸氣室溫度 80℃，製品中心溫度達 72℃。

直接水煮　　於溫度自動控制煮水槽內，水溫 80℃，使製品中心溫度達 72℃

冷卻　　於 0～3℃之冷藏庫內急速冷卻，至產品中心溫度達 2～3℃。

包裝　　使用食品級別，可抽真空之尼龍塑膠袋包裝。

一般配方例：

成分（%）	（以原料肉重計算）
原料肉	100
澱粉	5
砂糖	3
食鹽	2
味精	0.5
植物性蛋白	2
聚合磷酸鹽	0.5
己二烯酸鉀	0.2
異抗壞血酸鈉	0.05
亞硝酸鈉	0.012

問：中式肉乾（肉脯）之製造流程和其配方爲何？

答：肉乾（肉脯）的製造流程如下：

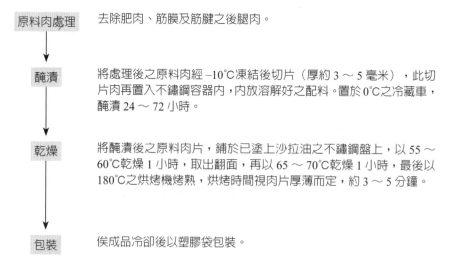

原料肉處理　去除肥肉、筋膜及筋腱之後腿肉。

醃漬　將處理後之原料肉經 –10℃凍結後切片（厚約 3 ～ 5 毫米），此切片肉再置入不鏽鋼容器内，内放溶解好之配料。置於 0℃之冷藏車，醃漬 24 ～ 72 小時。

乾燥　將醃漬後之原料肉片，鋪於已塗上沙拉油之不鏽鋼盤上，以 55 ～ 60℃乾燥 1 小時，取出翻面，再以 65 ～ 70℃乾燥 1 小時，最後以 180℃之烘烤機烤熟，烘烤時間視肉片厚薄而定，約 3 ～ 5 分鐘。

包裝　俟成品冷卻後以塑膠袋包裝。

一般配方例：

成分（%）	（以原料肉重計算）
原料肉	100
砂糖	18
醬油	8
食鹽	1
味精	1
己二烯酸鉀	0.2
聚合磷酸鹽	0.1
異抗壞血酸鈉	0.05
食用色素紅色 6 號	0.01

問：肉酥（肉鬆）之製造流程和其配方為何？

答：肉酥（肉鬆）的製造流程如下：

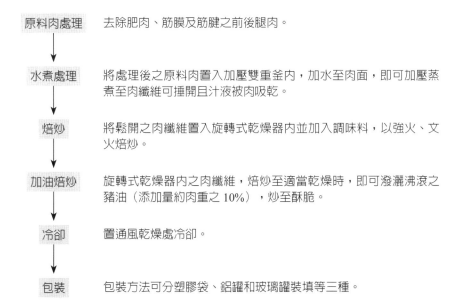

原料肉處理　　去除肥肉、筋膜及筋腱之前後腿肉。

水煮處理　　　將處理後之原料肉置入加壓雙重釜內，加水至肉面，即可加壓蒸煮至肉纖維可捶開且汁液被肉吸乾。

焙炒　　　　　將鬆開之肉纖維置入旋轉式乾燥器內並加入調味料，以強火、文火焙炒。

加油焙炒　　　旋轉式乾燥器內之肉纖維，焙炒至適當乾燥時，即可潑灑沸滾之豬油（添加量約肉重之 10%），炒至酥脆。

冷卻　　　　　置通風乾燥處冷卻。

包裝　　　　　包裝方法可分塑膠袋、鋁罐和玻璃罐裝填等三種。

一般配方例：

成分（%）	（以原料肉重計算）
原料肉	100
砂糖	10～15
豬油	8～10
食鹽	2
醬油	2
味精	1

問：傳統式肉鬆（肉絨）之製造流程和其配方為何？

答：傳統式肉鬆（肉絨）的製造流程如下：

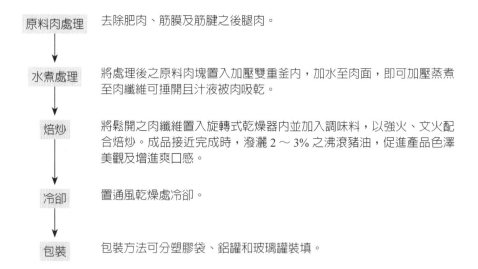

原料肉處理	去除肥肉、筋膜及筋腱之後腿肉。
水煮處理	將處理後之原料肉塊置入加壓雙重釜內，加水至肉面，即可加壓蒸煮至肉纖維可捶開且汁液被肉吸乾。
焙炒	將鬆開之肉纖維置入旋轉式乾燥器內並加入調味料，以強火、文火配合焙炒。成品接近完成時，潑灑 2～3% 之沸滾豬油，促進產品色澤美觀及增進爽口感。
冷卻	置通風乾燥處冷卻。
包裝	包裝方法可分塑膠袋、鋁罐和玻璃罐裝填。

一般配方例：

成分（%）	（以原料肉重計算）
原料肉	100
砂糖	10～15
豬油	2～3
食鹽	2
醬油	2
味精	11

問：家常式中式香腸之製造流程和其配方為何？

答：家常式中式香腸之製造流程如下：

1. 豬肉去骨、皮、筋腱。

2. 瘦肉切成長約2公分，寬厚約1公左右之長條，肥肉切成0.5～1公分之塊狀。

3. 將食鹽、亞硝酸鈉、調味料、高粱酒加入切好的肉中攪拌均勻。

4. 利用裝有漏斗的絞肉機（取掉刀片及鋼片），把肉灌進腸衣中，每隔10公分以細繩分節。

5. 利用針在香腸周圍刺孔，以排出香腸內的空氣，並使香腸扎實及水分容易散失。

6. 將做好的香腸掛於通風處晾乾一個星期，或晴天時掛於室外日晒2～3天後，貯存於冰箱備用（10℃以下，約可保存30～45天）。

一般配方例：

成分	用量
豬肉	10 臺斤（肥瘦比約 1：3）
食鹽	90 公克
亞硝酸鈉	0.9 公克
糖	10 湯匙（150 公克）
味精	1.5 湯匙（24 公克）
肉桂粉	1 茶匙（5 公克）
白胡椒粉	1.5 茶匙（7.5 公克）
高粱酒	4 湯匙（60 毫升）

問：中式蒸煮火腿之製造流程和其配方為何？

答：中式蒸煮火腿的製造流程如下：

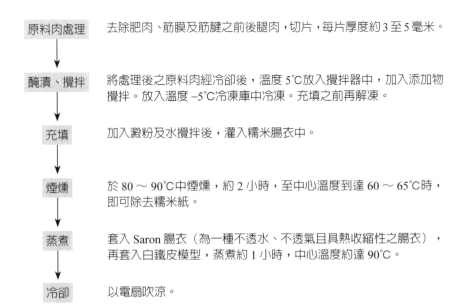

原料肉處理　去除肥肉、筋膜及筋腱之前後腿肉，切片，每片厚度約 3 至 5 毫米。

↓

醃漬、攪拌　將處理後之原料肉經冷卻後，溫度 5℃放入攪拌器中，加入添加物攪拌。放入溫度 −5℃冷凍庫中冷凍。充填之前再解凍。

↓

充填　加入澱粉及水攪拌後，灌入糯米腸衣中。

↓

煙燻　於 80 ～ 90℃中煙燻，約 2 小時，至中心溫度到達 60 ～ 65℃時，即可除去糯米紙。

↓

蒸煮　套入 Saron 腸衣（為一種不透水、不透氣且具熱收縮性之腸衣），再套入白鐵皮模型，蒸煮約 1 小時，中心溫度約達 90℃。

↓

冷卻　以電扇吹涼。

一般配方例：

成分（％）	（以原料肉重計算）
原料肉	100
澱粉	10
砂糖	2
食鹽	2
味精	0.5
聚合磷酸鹽	0.5
己二烯酸鉀	0.5
異抗壞血酸鈉	0.05
亞硝酸鈉	0.012

問：大量生產（工廠式）之中式香腸製造流程為何？

答：大量生產（工廠式）之中式香腸製造流程如下：

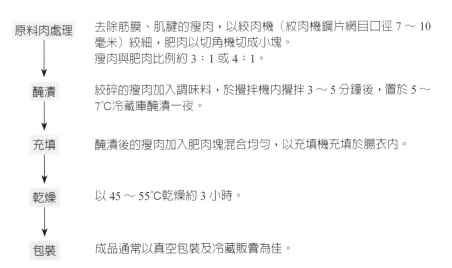

原料肉處理　去除筋膜、肌腱的瘦肉，以絞肉機（絞肉機鋼片網目口徑 7 ～ 10 毫米）絞細，肥肉以切角機切成小塊。
瘦肉與肥肉比例約 3：1 或 4：1。

醃漬　絞碎的瘦肉加入調味料，於攪拌機內攪拌 3 ～ 5 分鐘後，置於 5 ～ 7℃冷藏庫醃漬一夜。

充填　醃漬後的瘦肉加入肥肉塊混合均勻，以充填機充填於腸衣內。

乾燥　以 45 ～ 55℃乾燥約 3 小時。

包裝　成品通常以真空包裝及冷藏販賣為佳。

一般配方例：

成分（%）	（以原料肉重計算）
原料肉	1.00
（瘦肉：肥肉＝3～4：1）	8～12
砂糖	2
食鹽	1～2
味精	0.5～1
分離黃豆蛋白	0.2～0.3
磷酸鹽	0.25 以下
己二烯酸鉀	0.05
抗壞血酸鈉	0.05
亞硝酸鈉	0.012
五香粉	0.1～0.2
白胡椒粉	0.1～0.2
甘草粉	0.1～0.2
玉桂粉	0.05～0.1
米酒	1～2

第七章

一般肉製品之配方和製造方法

問：去骨火腿（Boneless Ham）之製法？

答：1. 特徵

將豬之後腿肉去骨後，再醃漬之火腿，其形狀有橢圓、角形等。然而不經去骨，直接去醃漬、煙燻之製品，稱為帶骨火腿，而與去骨火腿為同一類之製品。

2. 製法

去骨火腿之製法，分為將後腿肉之部位全部使用，為大型之去骨火腿，或者將後腿肉做分切，分成幾個小等分再製造，目前以後者產量較多。

以後腿直接加工之方法（圖 7-1）：

(1) 將後腿部位切下。

(2) 絞血：以原料肉重量約 2～3% 之食鹽和 0.15～0.25% 之硝酸鈉、0.01～0.02% 亞硝酸鈉混合浸漬，在 2～4℃ 之冷藏庫以重石壓約 1～2 天即可。

(3) 醃漬：一般以溼醃較為普遍，將食鹽、亞硝酸鹽、砂糖、香辛料在水溶解加熱殺菌和冷卻後，將肉塊浸入，在 2℃ 之冷藏庫，平均 1 kg 肉約浸漬 5～7 天左右。

(4) 水洗：經過醃漬後之肉塊非常鹹，因此必須放在冷水中做水洗，水洗時間方面，平均肉 1 kg 約水洗 10～20 分左右，如水洗不足，風味會太鹹，且在肉製品表面會有鹽之結晶產生，然而水洗時間太長時，會呈水樣狀，即外觀呈出水狀，製品較易變質。

(5) 去骨：不將肉表面切開，使用隧道管狀器將骨去除後，將脂肪厚度整形均一，並將多餘赤肉去除。

(6) 緊綁：用棉線將肉緊綁呈圓筒狀，以 4 公分間隔將其緊綁。要特別注意全體肉塊要均一緊綁，這是非常重要的步驟。

圖 7-1　西式火腿製造工程

脫骨、整形

注射醃漬液

醃漬

乾燥、煙燻

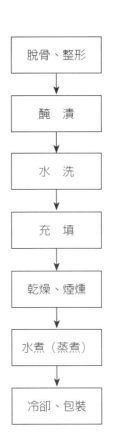

脫骨、整形

↓

醃　漬

↓

水　洗

↓

充　填

↓

乾燥、煙燻

↓

水煮（蒸煮）

↓

冷卻、包裝

(7) 煙燻：先在 40～50℃充分乾燥後，再慢慢將溫度上升，可在 50～60℃煙燻 5～10 小時。

(8) 水煮或蒸煮：經煙燻後，立即放入 70～80℃水煮或使用蒸氣蒸煮，在此要特別注意溫度不能太高，會使脂肪溶解，製品之中心溫度不能超過 65℃，因此約需 5～6 小時進行水煮或蒸煮。

(9) 冷卻及包裝：將製品浸於冷水中冷卻後，等水滴乾再包裝。

問：帶骨火腿之製法？

答：1. 絞血

2. 醃漬

3. 水洗

4. 煙燻

將水洗後之肉使用乾布擦乾，用棉繩將腿肉綁緊，再送入煙燻室，在此先使用低溫約 40℃將原料肉表面乾燥，肉色會呈鮮紅色，而要充分煙燻乾燥，則約需 2 天左右。

一般煙燻能供給肉製品一些特殊芳香且增進色澤，同時由於煙燻過程中，產生一些具防腐性和抗氧化之成分，可增進肉品之保存性。

5. 冷卻及包裝

煙燻後，應慢慢冷卻，也可放在煙燻室中慢慢冷卻，如在通風良好之場所冷卻時，製品會發生收縮現象而影響外觀，所以應放在陰暗處冷卻，包裝則以真空為佳。

問：壓型火腿之製法？

答：1. 特徵

　　使用肉塊將其壓成火腿之形狀，為一種成本較低之火腿製品。

　　一般配方如下：

豬後腿肉塊	5kg
豬肩胛肉塊	5kg
豬絞碎脂肪	1kg
胡椒	30g
一般香辛料	10g
豆蔻	10g
肉桂	5g
麩胺酸鈉	30g
洋蔥粉	5g

2. 製法

　(1) 原料處理：可將原料肉之瘦肉中之筋腱和筋膜等結締組織去除後，切成 3～5 公分，並可添加一些黃豆蛋白質或淘汰的雞胸肉當作結著劑。

　(2) 醃漬：將切角後之原料肉與食鹽、發色劑充分混合後，以乾醃法在冷藏庫醃漬 3～5 天。

　(3) 混合：將醃漬完的原料肉以香辛料等調味，並在混合機混合，依結著性變化，可添加一些結著劑混合。

　　一般壓型火腿之原料以豬肉為止，但如添加切角之脂肪 10～20%，可增加風味，且在切片時，可增進美觀，而增加食慾。

(4) 充填：使用充填機以玻璃紙或塑膠腸衣充填，充填時，不要充填得太緊密，然後放入模具匣內，模具匣有圓形和角形，其目的為成形和防止腸衣破裂。

(5) 煙燻、水煮：先在 40〜50℃充分乾燥後，再慢慢將溫度提高，一般在 50〜60℃中煙燻 5〜10 小時，水煮時間則依照大小不同，一般在 70〜80℃水煮 2〜3 小時。

(6) 冷卻及包裝：在水煮後，立即放入冷水中冷卻，再以浸有 70% 酒精之紗布將外表擦乾，然後以真空包裝袋包裝做脫氣處理。

問：維也納香腸之製法？

答：此香腸是在奧地利之維也納地區，以羊腸製成之香腸製品，為目前最普遍之香腸肉製品。

1. 配方如下

牛肉（或仔牛肉）	20 kg
豬赤肉	10 kg
絞碎之豬脂	20 kg
食鹽	20 g/kg
硝酸鈉	0.5 g/kg

　或

添加亞硝酸鹽	20 g/kg
白胡椒	2 g/kg

2. 製法（圖 7-2）

一般香腸之原料，大都從製造火腿、培根等之剩肉或修整時所

圖 7-2　西式香腸製造工程

細切　　　　　　　　　　　　　　混合

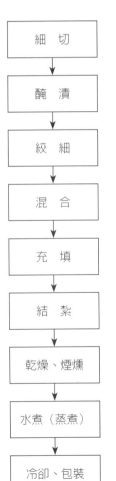

```
┌─────────┐
│  細　切  │
└─────────┘
     ↓
┌─────────┐
│  醃　漬  │
└─────────┘
     ↓
┌─────────┐
│  絞　細  │
└─────────┘
     ↓
┌─────────┐
│  混　合  │
└─────────┘
     ↓
┌─────────┐
│  充　填  │
└─────────┘
     ↓
┌─────────┐
│  結　紮  │
└─────────┘
     ↓
┌─────────┐
│ 乾燥、煙燻 │
└─────────┘
     ↓
┌─────────┐
│ 水煮（蒸煮）│
└─────────┘
     ↓
┌─────────┐
│ 冷卻、包裝 │
└─────────┘
```

充填

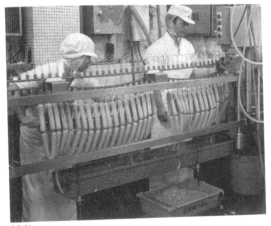

結紮

103

得之碎肉而來，經細切後使用，但因西式香腸之消費量增加很快，目前也有使用部位肉經細切後使用。

(1) 醃漬：將切好之原料肉、食鹽和發色劑混合，而脂肪則只以食鹽醃漬，在冷藏室醃漬 2～3 天。

(2) 絞肉：經醃漬後之原料肉在絞肉機絞過後，為了防止肉溫上升，絞切之刀片要很鋒利。通常為 3 段式絞肉，即以鋼片依大、中、小之孔大小排列（愈近洞口則孔徑愈小），但脂肪放在最後絞。

(3) 細切：經絞過之肉，放在細切機中，添加冰水、脂肪、調味料、香辛料等細切，但要注意肉溫不要上升，細切至外觀呈現濃稠狀或者仍呈肉之顆粒狀態，乃依產品之特性而定。

(4) 充填：使用羊腸衣充填，一支長度約 8～10 公分左右將其結紮，無皮維也納香腸則充填在玻璃紙腸衣中，經蒸煮冷卻後，再以剝皮機將玻璃紙腸衣去除。

(5) 煙燻：在煙燻前，首先要乾燥在 45～50℃約 1～1.5 小時後，再以 50～60℃煙燻 20～30 分鐘。

(6) 水煮：煙燻後，以水煮或蒸煮在 70℃加熱 20～40 分後，再冷卻。

3. 法蘭克福香腸之製法（德式製法）

牛肉	18.1 kg
豬肉	13.6 kg
豬肉（赤肉 60%）	9.1 kg
牛肉（仔牛肉）	4.5 kg
冰	13.6 kg

脫脂奶粉	1,814.4 kg
食鹽	1,360.8 g
白胡椒	113.4 g
豆蔻	28.3 g
大蒜（粉末）	7.1 g
亞硝酸鈉	7.1 g

法蘭克福香腸主要以豬腸為腸衣，由於豬腸較粗，因此在煙燻、蒸煮的時間要比維也納香腸長。除此之外，製造過程相似。

問：絞血之目的和方法為何？

答：經絞血之過程，可抑制肉表面之細菌繁殖，同時利用食鹽之脫水作用，將原料肉中之血液去除，可防止原料肉變質或發生酸敗和變色。

方法：以肉塊重量約 2～3% 之食鹽和 0.15～0.25% 之硝酸鈉，0.01～0.02% 亞硝酸鹽混合浸漬，在 2～4℃之冷藏庫以重石壓約 1～2 天即可。

第八章

生鮮處理之管理

問：消費者在購買肉時，選擇之重點為何？

答： 根據統計，消費者對於買肉之地點選擇，依下列重要性由上往下歸納：

1. 販賣之肉品是否新鮮。
2. 商品之品質是否穩定。
3. 販賣之肉品是否種類齊全。
4. 價格是否便宜。

問：原料肉之鮮度管理流程為何？

答： 維持鮮度是肉品專賣店管理的第一要務，將牛、豬、雞、鴨等畜禽類，在最短之時間內，利用低溫處理之流通過程，提供顧客新鮮的肉品。下圖為維持肉品鮮度應特別注意之事項。由家畜運到屠宰場開始，屠殺、解體、加工、包裝、運輸、展售，至消費者購買、貯存，這條冷藏鏈（Cold Chain）（圖 8-1）任一環節的溫度控制不當，都會影響到肉之鮮度。

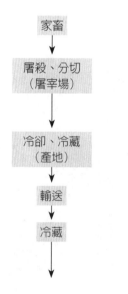

家畜

屠殺、分切
（屠宰場）
(1) 選定養豬場。
(2) 指定屠宰場、分切場。
(3) 建立檢查指標。

冷卻、冷藏
（產地）

輸送
改善輸送條件，即建立冷藏條件。

冷藏
(1) 建立肉品檢查系統。
(2) 充實冷藏庫設備。
(3) 建立庫存流通系統。

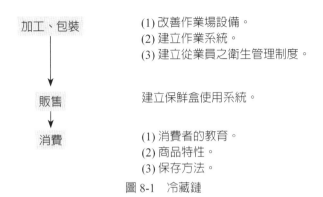

加工、包裝	(1) 改善作業場設備。 (2) 建立作業系統。 (3) 建立從業員之衛生管理制度。
販售	建立保鮮盒使用系統。
消費	(1) 消費者的教育。 (2) 商品特性。 (3) 保存方法。

圖 8-1　冷藏鏈

問：肉品在販賣陳列時，要注意哪些事項？

答：1. 容易看得到的地方

(1) 肉品之包裝、標示、價格、品名等，都要向著消費者之方向。

(2) 如為多段式陳列的冷藏方式，要以統一的方式，如縱的方式陳列。

(3) 照明要清楚。

(4) 平面展示櫃時，種類的排列方式一般以牛肉、豬肉、雞肉、羊肉加工品的順序排列。

2. 容易拿到的地方

(1) 將各種不同肉品，很清楚的隔開。

(2) 肉品要放在很堅固的架上。

3. 容易選擇的排列

(1) 同一用途的肉品要放在同一地方，並且以縱的排列方式陳列。

(2) 儘量以同樣品質的肉陳列。

(3) 關聯性的物品儘量就近陳列。

(4) 在標示商品名、調理加工日期、價格時，儘量明白清楚標示。

(5) 前日剩餘的肉品，儘量放在前面和上面，以加工順序的前
　　後，由前往後放。

問：在肉品的販賣中，有面對面販賣和自助式販賣兩種，其優劣點為何？

答：面對面販賣方式為目前一般國內傳統肉攤之販賣方式，而自助式
　　為一般超市為主，面對面之販賣方式，可以與消費者面對面溝
　　通，而且消費者可以只購買自己需要的數量，對於料理方法及一
　　些肉品知識，可直接與業者或販賣人員溝通，但由於計量時較費
　　時，有可能發生計量誤差。

　　而自助式的販賣方式就是肉品經過事前包裝，重量、價錢都已附
　　上，以消費者自己選購為主之販賣方式。兩者各有其優劣，但是
　　「前包裝」為一種世界潮流，不僅可以省力，而且在品質保持和
　　販賣管理方面，是一種必要方法。

問：前包裝之優劣點為何？

答：1. 前包裝對於販賣者之優點

　　(1) 肉品不會因時段太忙，一下子計量太多，而計量錯誤，利
　　　　益管理較易。

　　(2) 由於事前包裝，價格已附於上面，對於利益管理較易。

　　(3) 工作量之標準化，即使用臨時工，也可以作業。

　　(4) 平均的販賣面積較有效率，較節省人力。

　　2. 前包裝對於販賣者之缺點

　　(1) 前包裝需要一些設備、包裝材料，故需要較多之費用。

　　(2) 包裝材料不易燃燒，易造成公害。

　　(3) 販賣利益較難估計，販賣剩下的商品會較多。

　　(4) 販賣時與消費者接觸少，消費者之情報收集較差。

3. 前包裝對消費者之優點

(1) 由於事前包裝，所以計量時沒有糾紛發生。

(2) 不用等待，節省時間。

(3) 假如發現不需要時，可以自由退回。

(4) 若只需要少量，可自由的買小盒包裝。

4. 對消費者之缺點

(1) 不能買自己所需要的量。

(2) 由於不能與販賣者直接溝通，對於肉原料之知識不易獲得。

(3) 前包裝處理之商品常表裡不一。

(4) 可能會造成價格較高。

問：前包裝之基本要點為何？

答：鮮度保持為其基本，其要點如下：

1. 在前包裝前之肉品，是否保持在低溫狀態。

2. 在前包裝處理後，是否馬上放入冷藏庫內。

3. 前包裝之作業時間要儘量縮短。

4. 要在衛生之環境下做前包裝處理。

問：前包裝處理作業之注意事項為何？

答：1. 應將肉品儘量張開，再做前包裝處理。

2. 切片的肉應儘量整齊排列，以保持美觀。

3. 標示之張貼要統一。

4. 肉在放入絞肉機前，要將水分充分去除。

5. 肉品在包裝作業時，計量要準確。

6. 肉品之包裝內容要表裡如一。

7. 包裝容量要依照家族構成人數做一些分配。

問：肉品作業指示需要注意哪些要點？

答：一般而言，作業指示要當天決定，但要依肉品種類、數量，以及天氣、氣候、節日等有所不同，還有前日剩餘之肉品等，均都爲影響當天作業指示之要素，其注意要點如下：

1. 先檢查前日剩餘之數目。

2. 比較平均一天之販賣數量，再決定一天必要之加工數量。

3. 作業之優先順序要決定。

4. 決定各種肉品種類之數量。

問：前包裝肉品之商品壽命爲何？

答：在 0～1℃ 之貯存溫度下：

　　　雞肉：4～5 天。

　　　牛肉：10～14 天。

　　　豬肉：5～7 天。

以上爲平均販賣壽命，如衛生管理不充分，還有作業時間太長時，都會影響商品壽命。

問：前包裝處理時，所使用之材質要注意哪些事項？

答：1. 材料之安全性

2. 貯藏性之延長

　(1) 是否斷熱性良好。

　(2) 是否透氧性良好。

　(3) 是否能防止水分蒸發。

　(4) 是否爲耐光性和遮光性良好。

3. 作業上之方便性

　(1) 是否伸張性良好，且不易破損。

　(2) 作業中是否不易浪費。

(3) 是否容易洗淨。

(4) 是否容易整理、保管。

問：生鮮販賣時，應注意要點為何？

答：1. 開店時之陳列狀態要準備完全。

2. 要保持最低陳列量。

3. 不要超過最高陳列線，因超過最高陳列線時，會使冷氣阻塞，而造成溫度上升，而使肉品品質降低。

4. 不良品之檢查。

問：何謂肉品之不良品？

答：1. 肉品已發生變質，如表面有黏液、臭味產生等。

2. 保鮮膜破損者，可檢查原料肉是否變質，如無可再重新包裝。

3. 日期價格已被汙染者，如無變質也可重新包裝。

4. 肉色已改變者，則需丟棄。

5. 已有肉汁滲出者，如未變質，可將肉汁去除，重新包裝。

問：肉品之販賣價格如何降低呢？

答：1. 原料進貨

應針對豬價之起伏，選擇價格低時購買，或者聯合同業統一進貨，也可取得較低價格之原料肉。

2. 加工

(1) 提高並穩定製成率。

(2) 建立明確的分切肉損失率。

3. 販賣

要考慮如何降低營運成本，如水電、庫存等之節省。

問：肉品在進貨時，應注意哪些？

答：1. 量的確保：需保存一定之庫存。

2. 質的統一：品質不能相差太多。

3. 對於價格變動要能有效把握。

問：肉品之品質穩定應如何管理？

答：所謂穩定性為經常提供品質均一之肉品，最好能設定一個基準，而使同樣等級之商品能持續穩定的提供給顧客，即顧客今天買的是美味且柔嫩的肉，明天買的也是同樣的美味柔嫩，不會因原料來源不同而有所改變。

至於要如何維持肉品品質之穩定性呢？

第一：從產地原料豬的調查開始，對養豬之豬種、飼料、環境、屠宰方式等對肉質之影響和變化要有概念；要選定一特定的養豬場，對其所供應的豬有一番了解。

第二：經分切包裝後，肉的厚度、大小、重量等要有明確之標示，並考慮顧客之烹調用途，供應均一品質之肉品。

由以上說明可知，要維持肉品之品質穩定，必須從原料豬和肉店內之分切、包裝開始。原料肉在進貨時能先做檢查，肉店之負責人須具備肉品品質之基本知識和判別之能力。

肉品品質之管理略表

設定產品基準	(1) 牛肉：輸入冷凍牛肉、省產牛肉、黃牛肉、水牛肉。 (2) 豬肉：上規格及中規格（以肥肉多少為判斷基準）。 (3) 雞肉：肉雞、土雞、仿土雞。
進貨之檢驗	(1) 牛肉：背脂肪之厚度在 1 cm 以下，屠體重 170～200 kg。 (2) 豬肉：肉脂肪厚度在 7 mm。

問：肉品之種類齊全要考慮哪些因素？

答：將家庭日常所需之各式肉品種類都能齊全的提供給消費者，如因烹調方法不同，將肉品分類為牛排、做咖哩飯之切角、肉絲等，使顧客能買到最需要之肉品，而「種類齊全」可由健康需要、經濟性、簡便性和多樣性之觀點來強化。

種類齊全之略表

1. 健康需要	(1) 豬肉：減少脂肪含量，並販賣精肉，同時絞肉明白標示瘦肉率。 (2) 雞肉：販賣無皮之肉品。 (3) 加工品：販賣無添加防腐劑、低鹽、低熱量及添加各種營養劑（如 Ca、Fe、Vit A、B、C、D、E 等之加工品）。
2. 經濟性	針對小家庭、單身貴族和大家庭食用之各種包裝。
3. 簡便性	(1) 隨著職業婦女之增加，販賣速食肉品，省時之已調理肉品，半加工肉品，並開發速簡肉品料理。 (2) 將相關之類品如烤肉醬、沙茶醬等擺設在一起，節省顧客購物時間。
4. 多樣性	(1) 開發本店之特色產品。 (2) 口味多樣化，如臺式、廣式、港式、洋式加工品之販賣。

問：在生鮮處理和肉品加工處理時，實施衛生品質管制之優點為何？

答：1. 延長產品貯存期限。

2. 減少因品管不佳，而使產品發生腐敗所造成之損失。

3. 提高工作效率。

4. 設備維護較易。

5. 增加並滿足消費者之需求，減少退貨率，增進收益。

問：肉品加工廠之設備標準要注意哪些事項？

答：1. 工廠外觀、設備是否齊全。

2. 空氣是否乾淨。

3. 水分是否合於標準。

4. 原料是否正常。

5. 包裝是否完善。

6. 個人衛生管理是否周全等。

同時要注意：

1. 各部門不可相互汙染，如清潔區與汙染區不可交叉汙染。

2. 水源是否清潔。

問：微生物汙染肉品之可能途徑為何？

答：1. 外在汙染如泥土、汙水、飼料、肥料等。

2. 受腸道內容物感染。

3. 個人衛生習慣，如手不乾淨、配戴戒指等。

4. 設備之汙染，如運輸工具、容器、刀、砧板等。

5. 空氣汙染。

6. 昆蟲、鼠類之汙染。

問：生鮮肉與肉製品之處理加工中，可能發生汙染而導致敗壞之原因為何？

答：1. 原料肉品質差，如為 PSE 肉或 DFD 肉。

2. 在包裝後，受二次汙染。

3. 烹煮不當，如未達中心溫度，或生鮮肉之中心溫度過高，如在 4℃以上。

4. 加工和貯存之條件不佳，且品管不澈底。

問：以溫度的適應性，細菌之分類有哪幾種？

答：1. 低溫菌

可在低溫下生長繁殖，最適溫度為 0～7℃，或低於 20℃以下之溫度。

2. 中溫菌

介於低溫菌和高溫菌間之生長溫度，在 16～43℃間最易繁
殖，且為最易引起食物中毒之菌。

3. 高溫菌

適於高溫環境下生長繁殖，適合在 44～66℃左右生長。

問：依需氧量，細菌之分類有哪些？

答： 1. 好氣性菌

需在有氧情況下，才可生存，生存在一般之包裝中。

2. 嫌氣性菌

在無氧情況下生存，通常在真空包裝，或肉品內部生存。

3. 通性嫌氣性菌

有無氧氣均可生存。

4. 微好氣性菌

需在微量氧氣，始可生存。

問：如何減少原料肉汙染或細菌增殖？

答： 1. 不要把細菌帶進作業室

除了購買之原料肉外，另外，如髒東西、未消毒鞋子、機械零
件不要帶進作業室。

2. 不要使細菌增殖

除了在作業室中之溫度要低外（18℃以下），並且要保持乾
淨。

3. 不要使細菌附著

儘量不要使細菌附在肉上，因此要時常消毒手、分切機械、刀
子和砧板。

問：如何控制細菌之生長，要注意哪些原則？

答：1. 保持乾淨。

2. 保持低溫。

3. 保持包裝覆蓋完好。

問：肉品最適之保存溼度為何？

答：一般最適之保存相對溼度在 85～95%，如溼度太高，細菌易增殖，若溼度太低，則會從肉表面蒸發過多水分，而呈乾燥，且肉表面會形成褐色，且造成失重之現象。

問：各種肉類和肉製品之最佳品質期限為何？

答：1. 冷卻肉

生鮮牛、豬、羊肉	2～4 天
絞肉	1～2 天
內臟	1～2 天
半加工製品	3～7 天

　2. 凍結肉

牛肉	6～12 個月
羊肉	6～9 個月
豬肉	3～6 個月
絞牛肉	3～4 個月
絞羊肉	3～4 個月
絞豬肉	1～3 個月

問：生鮮肉適當管理之基本原則為何？

答：1. 保持肉類清潔衛生。

2. 保持肉類在低溫狀態。

3. 保持肉類貨品流通

應採用「先進先出」之原則，為達此原則，每批貨應以簽字筆標寫進貨日期，並放置在適當地點，以利出貨。

問：生鮮肉在分切時，應注意哪些事項？

答：1. 刀子和切片機要保持乾淨

如在分切後，肉之斷面有細菌附著，會使肉品急速腐敗。因此，新鮮肉如使用不乾淨刀子做分切時，會有加速腐敗之現象。

2. 切鹽漬肉之刀子與切生肉之刀子不可混用

如使用之刀子在切火腿或培根後，在刀子上有鹽分附著，再切生肉，生肉斷面因而有鹽分附著，會造成肉片滴水和變色。

因此在使用刀子時，要養成用途不同，砧板和刀子也要相異之習慣。

問：生鮮肉在分切後，預冷有何益處？

答：1. 預冷可促進發色

絞肉或切片肉在分切後，放入保鮮盒時，如在保鮮膜尚未加封前，放入冷藏庫預冷 20 分，可使在分切時肉溫上升的肉迅速降溫，同時在預冷時，由於冷卻使空氣與肉充分接觸，而有促進發色之效果。

2. 可減少肉汁產生，或延遲產生肉汁之時間。

3. 可保持鮮度。

4. 肉外觀佳，增進顧客之食慾。

問：超市或肉品專賣店在原料肉進貨時，要做哪些檢查？

答：1. 肉中心溫度檢查

當肉進貨時，要當場檢查肉中心溫度，在 4℃ 以下，則肉沒有問題，但是如果比 4℃ 高時，就表示肉之鮮度不夠，假如肉中心之溫度在 7℃ 以上時，表示肉在運輸車內或運輸前暴露在高溫之下。

假如有上述狀況發生，就表示以下三點要嚴加檢查：

(1) 進貨店之溫度管理狀況不佳。

(2) 堆放之位置不當。

(3) 冷藏庫內之溫度狀態不佳。

一般在夏天鮮度會下降之原因，主要為肉到達店中為止之溫度管理不佳之故，另外，從低溫馬上搬到高溫處時，肉之表面會因空氣中的溼氣凝結而有發汗現象。

2. 肉中心溫度測完合格後，要馬上放入冷藏室

即使鮮度良好的肉，也不能放置在較高溫的作業室中。

3. 從紙箱拿出肉來，再冷藏

為了使肉在最易冷卻的狀態，可將肉從紙箱中拿出，一個個相隔離的放置。

4. 在冷藏庫時，要用塑膠袋包裝

如果無包裝狀態的肉馬上就放入冷藏庫，肉會發生脫水乾燥的現象，此為造成失重和品質劣變的原因。

因此要先將肉包裝後，再放入冷藏庫中，如果從真空包裝取出肉後，再放回冷藏庫時，也要再度包裝。

問：原料肉在收貨時，應注意哪些要點？

答：1. 以感官檢查進的肉類有沒有異味，肌肉組織有無劣變，除熟成

的牛肉可能會稍有酸味外，其他新鮮肉不應該有任何的臭味。任何肉類表層如有一乾燥、黏稠或黏液層，可能是因不良的管理所造成，此種肉可能處於變味或腐敗的途徑中。

2. 收貨時應注意包裝袋有無破損、包裝箱有無弄髒。

3. 最重要的一點為，必須檢測肉溫（中心溫度）有無符合要求。簡單來說，如果是凍結肉，只要用手接觸肉一下，即可知道它們是否凍結了。

4. 秤重：不可能每包都秤重，可到地磅處秤重並公證，但收貨站應有抽驗秤重。

5. 收貨時，應依訂貨單記載之種類和規格驗收。

6. 生鮮肉類未凍結者，由於滴水和水分蒸散失重，應有某範圍的失重之容許量，其容許量的多少是有限制的。

7. 收貨前應與供應商約好到貨的時間。

問：精肉作業室之清洗與消毒，要注意哪些事項？

答：實現美好、清潔的作業環境，是控制微生物汙染、保持鮮度以及防止異物混入的重要措施。

1. 步驟 I：整理、整頓
   實施作業室內之定品、定數、定尺、定色、定位置管理，才能進行合理的作業。

2. 步驟 II：清掃
   地板、角隅、冷藏庫的裡側等應打掃並維持乾淨。

3. 步驟 III：清洗
   精肉品質劣變及惡臭的發生，是因微生物增殖，其發育因素為溫度、水分、營養源等。
   清洗的目的是將脂肪蛋白質等有機物除去，而抑制微生物的發

育,並消除臭味的來源,因而防止招徠蒼蠅等昆蟲。氯化苯殺克(Benzalkonium,表面抗菌劑)、醇類以及次氯酸鈉等殺菌劑在有機物存在下,會很快地失去其殺菌的效果,因此為了實行經濟有效的殺菌處理,有機物的洗滌是不可或缺的。紫外線殺菌燈及臭氧等具有同樣的殺菌效果,通常在作業室和包裝室使用。另外,作業室內牆壁的劣化和不鏽鋼的生鏽,大都是因為脂肪等汙物附著。洗滌效果是靠洗滌劑的化學力量,而如有刷子、高壓清洗機等物理力量協助,則使洗滌效果增大。

4. 步驟 IV:殺菌

作業室的衛生管理,不僅是外表看起來很乾淨而已,另包括為了維持鮮度,而針對微生物的控制,此為其最主要的目的。

砧板、菜刀、切片機、作業臺等直接與肉品接觸的地方,必須要將有機物完全除去,和有效的殺菌處理。

在分切作業時的洗滌及殺菌處理,可使用由食品添加物組成的廚房洗滌劑和氯化苯殺克等界面活性劑、殺菌劑或酒精等。上午、下午各實施作業一次,在作業結束時,可用油脂專用的洗滌劑和殺菌劑並用,實施澈底的洗滌殺菌,重點是使殘留的有機物和細菌減至最低的程度。

5. 步驟 V:評估

平日除了要常常測定葡萄球菌、生菌數、大腸菌群等附著菌外,也要定期測定總生菌數和空中浮游菌數。利用標準培養基測定一般生菌數、真菌落數,對環境的清潔度做一番評價。

問：肉品在陳列的角度上要注意哪些（圖 **8-2**）？

答：肉品陳列角度要點如圖 8-2。

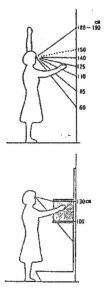

1. 如左圖，手可以拿得到的範圍大約 180～190 cm，但此範圍不易拿取，一般以 85～150 cm 為平均的高度，下限為 60 cm。

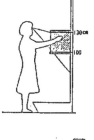

2. 如左圖，此位置為最顯眼的地方，陳列效果較高，為促銷商品的最適位置。

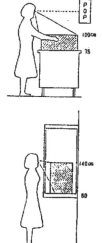

3. 如左圖，此為平臺或展示櫃販賣的高度，視線虛線的地方為貼廣告的地方，此高度效果最好。

4. 如左圖，此為更有效果的商品陳列高度，此直視視線稍微下降一些所陳列的商品，效果最好。

圖 8-2　肉品的陳列角度

問：超市或肉品專賣店有關之管理要點流程為何？

答：1. 早上冷藏庫溫度調節至 2℃。

2. 在作業指示表中，記入冷藏庫內昨日肉的剩餘量。

3. 檢查剩餘肉的內容，包括肉汁、肉色、脂肪酸敗程度。

4. 將不良品去除後，將良好的放回展示櫃陳列。

5. 上述前日剩下良好的肉品，若有包裝不良者，要再送回重新包裝。

6. 依照作業指示表，將肉品分切、切片、絞碎。

7. 切片、切絲後，裝入保鮮盒或展示盒中。一次作業之中要有一定數量，不要過多。

8. 補充回數要依照作業指示表的順位與步驟 6、7 進行作業。

9. 打包後，剩下的肉品用專用的盒子放置，再放入冷藏庫中保管。

10. 將冷藏溫度調節至 4℃。

問：引起肉品中毒之微生物，最常見的有哪些？其起因、症狀和預防方法為何？

答：

病名	起因	症狀	預防
1. 沙門桿菌食物中毒（*Salmonella* food poisoning）	由於攝取已汙染的食物或接觸已感染的人及其他昆蟲、老鼠等而致病。沙門桿菌屬細菌廣布於自然界以及人和家畜腸道中，最適宜繁殖溫度 37℃。	頭痛、噁心、嘔吐、腹瀉甚至死亡，特別是小孩及老年人，一般感染後大約 12～36 小時發病，共持續 2～7 天。	加熱食品至 60℃，維持 10 分鐘或更高的溫度，時間短些冷卻食品至 7℃ 以下可抑制細菌的繁殖。

病名	起因	症狀	預防
2. 肉毒桿菌食物中毒（*Botulism* food poisoning）	由於攝食未經煮熟，且已含有肉毒桿菌毒素之食物。肉毒桿菌為厭氧性菌，具有孢子，且有很強抗熱性，最適宜繁殖溫度為35℃。	噁心、急性消化障礙、嘔吐腹瀉及中樞神經性症狀，如複視、嚥食困難、不隨意肌麻痺、呼吸困難，甚至死亡，感染後12～36小時發病，共持續3～6天。	毒素可經由沸騰加熱10～20分鐘破壞之。孢子必須由高壓（15磅壓力）高溫（121℃）超過20分鐘的處理破壞之。
3. 葡萄球菌食物中毒（*Staphylococcus* food poisoning）	由於攝取已含有毒素之食物或接觸已帶有葡萄球菌之人。葡萄球菌抗酸抗熱性強，廣布於自然界，人體之皮膚、鼻道毛髮等，最適宜繁殖溫度35℃。	噁心、嘔吐、腹部痙攣，腹瀉嚴重者帶血。感染後3～8小時發病，共持續1～2天。	可以放置食物在60℃以上；冷卻食物4.5℃以下，抑制毒素形成。又如加熱食物沸騰數小時，或加壓加熱至110℃、30分鐘可以破壞此毒素。

微生物在適當的環境下生長、繁殖，以及轉變有機物質爲能量及無機質。肉品由於含有豐富的營養成分，因此是微生物生長的最佳所在，爲了生產安全及風味良好的肉品，以符合消費者的需求，必須嚴格執行品管措施，以抑制細菌、酵母菌、黴菌的生長，使得產品得以延長貯存期限。

問：溫度與細菌之消長關係爲何？

答：一般而言，在0℃的環境下，很少細菌可以生長，其繁殖速率也較慢，低於5℃之環境是處理和貯存肉品的關鍵溫度，可以延緩大部分細菌的生長與繁殖。

溫度影響肉品品質甚鉅，如圖8-3，室溫在5～50℃之間，尤其是16～50℃之間細菌快速繁殖且分泌毒素，爲最危險的溫度帶。

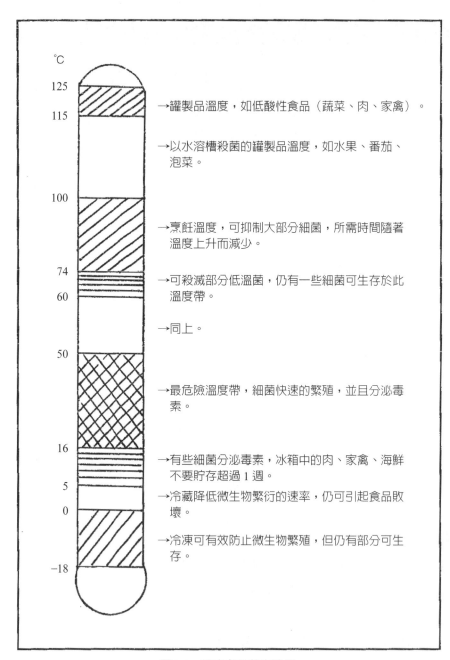

圖 8-3　溫度與細菌之消長

問：如何使肉溫不升高，應注意哪些事項？

答：1. 溫度檢查要一天至少三回

在早上、中午和作業完了時，必須要測定冷藏庫及展示櫃之溫度，而測定檢查溫度的人，最好由經理等人來負責，假如遇到溫度方面有問題時，應早一點檢查；雖只有 1℃ 的溫度上升，但長時間來看，就會造成很大的損失。

2. 冷藏庫的門不要常開

冷藏庫中是以冷空氣在下面，熱空氣在上面的模式循環，當門打開時，在下方的冷空氣馬上往外流出，而外面的熱空氣則由上面進入冷藏庫中，冷藏庫的溫度上升雖然很快，但要再回到當時的定溫時，則需要較長的時間；因此，要拿東西時，不要把冷藏庫的門開得太大，當打開時要馬上關閉，此種習慣必須及早養成，使員工有這種概念。

問：與肉品有直接關係之溫度有哪些？

答：與肉有直接關係之溫度有三個：

1. 環境溫度

為空氣溫度，即肉放置位置的周圍溫度，在冷藏庫中為 0℃，在作業室則約 18～20℃。

2. 肉表面溫度

為肉表面的溫度。最容易受到環境溫度的變化影響，當環境溫度升高時，立即反應到肉表面溫度，而很快的升高。影響最大的為切片肉，其原因為表面積率較大之故。

3. 肉中心溫度

為肉之中心溫度。最重要的為肉中心溫度之測定，如肉的表面溫度即使上升到 4℃ 時，而肉之中心溫度仍然在 0℃ 或者冰溫

時，對於肉之鮮度影響較少，但是肉中心溫度上升到 4℃時，表示肉已長時間暴露在高溫，即使立刻放入低溫中，肉之中心溫度也不會馬上下降，因此對於肉之鮮度影響很大，故店內最好放置一臺插入式的溫度計。

問：肉品加工、分切時之汙染來源有哪些？

答：1. 微生物：細菌、黴菌、酵母菌、寄生蟲等。

2. 化學物質：有害發色劑等及非合法添加物、消毒劑、抗生素等。

3. 塵埃：煤煙、灰塵、瓦斯、有機異物、搬運者的汙染等。

4. 物理作用：溫度、溼度、空氣的循環不暢。

5. 鼠類昆蟲：鼠、蠅、蚊、蟑螂等。

6. 添加物：澱粉、香辛粉、調味料等。

7. 包裝材料：薄膜、紙類、捆包材料等。

8. 機械器具：洗淨消毒的不完全。

9. 搬運工具：工廠內外的各種搬運設備。

10. 作業員：頭髮、指甲、衣服不乾淨。

11. 外來的人：如參觀者。

12. 汙物汙水：工廠內排水溝、排水、殘留的固形物、廁所等。

問：真空包裝之肉品引起敗壞現象之症狀爲何？

答：在有氧氣和低溫的條件下，低溫菌最易在肉製品上生長、繁殖，產生不良的氧化臭、黏滯和酸敗（脂肪水解）及腐敗（蛋白質水解）。而真空包裝的應用，以適切的包裝材料及真空度，即可減緩或抑制這些好氧菌的生長。在幾近於無氧真空包裝的條件下，產品如果仍然腐敗，則屬一些嫌氣性菌、微好氣性菌和酵

母菌所引起，以 *Lactobacilli*、*Streptococci* 和 *Micrococci* 最易滋長；如仍然發現有 *Psychrotrophic* 或黴菌的存在，則應追蹤包裝可能有裂縫或熱封不全導致空氣進入袋內。真空包裝無法完全防止腐敗或停止所有微生物的生長，只是減緩生長和淘汰了某些菌種，真空包裝常引起的敗壞現象有三種：(1) 黏滯；(2) 酸敗；(3) 變綠色。

香腸或加工肉製品的黏滯現象，通常是由於酵母菌和乳酸菌的作用，如 *Lactobacillus* 和 *Streptococcus* 的繁殖，形成很潮溼的覆膜表面，在每一節香腸之間，覆著一層灰色的黏液。減少氧氣量有助於抑制乳酸菌的生長，*Lactobacillus*、*Streptococcus*、*Leuconostoc* 及 *Pediococcus* 四種菌類可代謝碳水化合物，發酵產生乳酸和二氧化碳，導致包裝產品產生了酸味和氣泡。引起顏色褪色及變綠的大多為 *Lactobacillus* 和 *Leuconostoc*，由於產生過氧化氫（H_2O_2），使得醃漬色素氧化產生綠色或灰色，以及產品中心變綠、綠色環和綠色的表面等缺點。

問：肉品為何會變色，其變化機制為何？

答：肉品變色機制如圖 8-4。

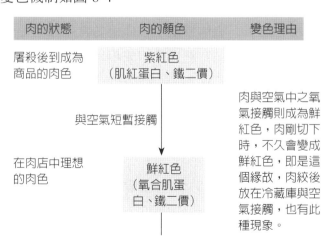

肉的狀態	肉的顏色	變色理由
屠殺後到成為商品的肉色	紫紅色（肌紅蛋白、鐵二價）	肉與空氣中之氧氣接觸則成為鮮紅色，肉剛切下時，不久會變成鮮紅色，即是這個緣故，肉絞後放在冷藏庫與空氣接觸，也有此種現象。
與空氣短暫接觸		
在肉店中理想的肉色	鮮紅色（氧合肌蛋白、鐵二價）	

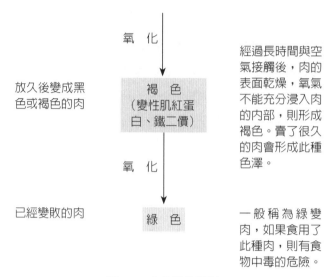

氧　化

放久後變成黑　　　　　褐　色　　　　　經過長時間與空
色或褐色的肉　　　（變性肌紅蛋　　　　氣接觸後，肉的
　　　　　　　　　白、鐵二價）　　　　表面乾燥，氧氣
　　　　　　　　　　　　　　　　　　　不能充分浸入肉
　　　　　　　　　　　　　　　　　　　的內部，則形成
氧　化　　　　　　　　　　　　　　　褐色。賣了很久
　　　　　　　　　　　　　　　　　　　的肉會形成此種
　　　　　　　　　　　　　　　　　　　色澤。

已經變敗的肉　　　　　　綠　色　　　　一般稱為綠變
　　　　　　　　　　　　　　　　　　　肉，如果食用了
　　　　　　　　　　　　　　　　　　　此種肉，則有食
　　　　　　　　　　　　　　　　　　　物中毒的危險。

圖 8-4　肉品變色機制

問：為何在精肉分切時，速度要愈快愈好？

答：1. 在作業分切室時，將屠體分切整形；或在絞肉後放入保鮮盒時，此時為造成肉的鮮度下降之兩大問題：

(1) 肉之溫度上升：在作業室之溫度，對肉來說，溫度是高了一些，而且在分切時，由於人手的接觸，而造成溫度急速上升。

(2) 細菌的附著：在作業室中，即使非常乾淨，完全沒有細菌也是不可能的，特別是分切成小塊的肉上，特別容易汙染細菌，因此為了減少細菌的附著，必須要注意下列三點：

①在低溫下作業。

②分切作業速度要快。

③分切機器要儘量弄乾淨。

作業室之溫度以 18℃ 為其上限。

2. 預冷可促進發色

　　絞肉和切片肉在分切後放入保鮮盒時，如在保鮮膜尚未加封時，放入冷藏庫預冷 20 分，可將在分切時肉溫上升的肉，使其溫度下降，同時可在預冷、冷卻時與空氣充分接觸，而有促進發色的效果。

　　因此有預冷的肉可使肉品：

　　(1) 保持鮮度。

　　(2) 顏色較佳。

　　因而可以做出更好的商品。

3. 分切時之注意事項

　　(1) 當刀子和切片機不乾淨時：分切後肉的斷面有細菌附著時，會造成肉品急速腐敗，因此新鮮的肉使用不乾淨的刀子分切時，會有加速腐敗的現象。

　　(2) 切鹽漬肉的刀子與切生肉的刀子不可混用：火腿和煙燻肉等鹽漬肉用刀子分切後，會有鹽分附著，因此刀子切生肉時，會在生肉斷面有鹽分附著，而造成滴水並變色；因此在使用刀子時，要養成用途不同，以不同刀子或洗滌完刀子後才分切肉的習慣。

問：當肉品進貨時，要注意哪些事項？

答：1. 認識你的供應肉商。

　　2. 肉品購買計畫規格形式化。

　　3. 利用肉品專家以解決你的特殊問題和需要。

　　4. 使用肉品購買指南。

　　5. 教育訓練你的幹部。

　　6. 建立進貨檢查。

7. 經常藉肉商試驗評估你的肉類切割能力。

8. 利用食譜促銷你的商品。

9. 低溫烘烤肉類。

10. 建立檢驗和評核制度。

問： 請問如何以肉眼分辨國產冷凍雞肉和進口冷凍雞肉，以骨腿為例，並敘述其相異原因？

答： 國產冷凍雞肉，以骨腿為例，骨頭不會有變黑的現象，而進口雞肉不僅骨腿有變黑，同時周圍雞肉也有變黑的現象產生，其發生之原因為國產雞肉在做冷凍時，都會經過急速凍結（–35℃以下），而進口冷凍雞肉大都沒經過急速凍結，而是以緩慢凍結（–18～–25℃），此會造成冰晶過大刺破組織，導致在解凍時，骨頭內部的血水會跑出而造成變黑現象，嚴重時，甚至造成附近的肌肉也有變黑現象產生。

問： 何謂雞隻機械去骨肉（MDM），請寫出英文全名？大都使用在何種肉品上，其在使用上有何缺點？如何改進？

答： 機械去骨肉（Mechanically Deboned Meat），大都使用在乳化型肉製品如熱狗、漢堡和貢丸等。使用之缺失：

1. 氧化作用（Oxidation）

由於擠壓作業時，組織細胞被破壞，肌原纖維嚴重斷裂，骨髓中大量脂質與血色質滲入肉漿中，以致降低蛋白質組成比例，而增加了脂肪相對含量。因此，機械去骨肉漿在貯存上，如何防止脂肪氧化是相當重要的，應添加抗氧化劑如 Vitamin C、E 等。

2. 微生物品質（Microbiological Quality）

原料經過碾碎過程增加了肉表面積，且在擠壓過程中溫度上升，此等皆是促使微生物快速增殖之因素。於是當取得去骨肉後，必須儘速予以處理，否則任何延滯時間，皆會予微生物繼續增殖之機會，在放入機械去骨機時，雞骨架應先凍結至 –5～–10℃左右，以防因處理時溫度過高，而造成微生物含量過高導致影響品質。

問：目前在肉品加工時，不能使用防腐劑的加工品有哪些？並舉例食品的種類。

答：1. 以 121℃高溫滅菌，維持 15～20 分鐘之肉品罐頭或軟袋包裝，如肉燥罐頭等。

2. 冷凍肉品或其調理食品，如冷凍漢堡、雞塊等。

3. 低水活性的肉製品，如肉鬆等。

問：目前國內豬隻屠宰場的屠宰方式有哪幾種？其通路有何不同？

答：1. 一般肉品市場或小型屠宰場屠宰豬隻時，都使用燙毛、脫毛、帶皮方式。其通路以在傳統市場販售為主。

2. 大型或以前的外銷冷凍廠，大都以剝皮方式屠宰，不帶皮。其通路以生鮮超市、量販店和肉品加工廠為主；但少部分廠兩者屠宰方式都有，但仍以供應超市量販店和加工廠為主。

問：試問製造雞肉之機械去骨肉時，會產生何種缺失？如何改善？

答：1. 缺失

(1) 微生物含量高。

(2) 容易氧化酸敗、顏色變暗。

2.改善方法

　　(1) 在製造機械去骨肉時，先將雞肉降溫或冷凍，再做機械去骨，以防肉溫變高，導致微生物量增加。

　　(2) 在容易氧化酸敗的環境下，可使用真空包裝，再加抗氧化劑，如維他命 C 或維他命 E 等。

問：試問一塊生豬肉如儲存於：**1.** 4℃之一般環境下，放置一年；**2.** 在 4℃完全無菌的環境下，放置一年，會產生怎樣的變化？**3.** 如再將這塊生肉加熱至 100℃後，仍然放在 4℃完全無菌的環境下，放置一年會產生怎樣的變化？並請解釋原因。

答：1. 會腐敗，因受微生物汙染而發生惡臭會產生腐敗臭味。

　　2. 會產生惡臭，因肉中的酵素發生自家分解（Autolysis），最後產生氨氣（NH_3）而產生臭味。

　　3. 加熱後，已將酵素失活，不發生自家分解，但因長時間貯存，發生油脂氧化酸敗，而產生酸敗臭。

問：在製造乳化型香腸時，需添加：①原料肉、②添加物（如發色劑、保水劑、香辛料、調味料等）、③增量劑（如澱粉、粉末狀植物蛋白質等）和脂肪、④鹽、⑤冰水或碎冰，請依照順序排列添加物並說明。

答：

　　順序：①原料肉 → ②鹽 → ③冰水或碎冰 → ④添加物 → ⑤增量劑。

　　說明：在細切初期，首先必須將鹽溶性蛋白質抽出，而增加結著力，因此，原料肉和食鹽是最早加入的。當鹽溶性蛋白質被抽出，而產生黏液時，會造成肉溫上升，所以必須加入

碎冰，使肉溫下降至 0℃左右。

　在細切中期，混合爲其主要重點，爲了使添加物產生效果，平均的混合是有必要的。因此，此時添加發色劑、化學添加物等，以及香辛料、調味料是適合的時機。一些增量劑如澱粉、粉末狀植物性蛋白質等結著材料、豬的脂肪等在投入細切後，會造成肉溫較易上升，因此在細切後期才加入。

問：雞肉、豬肉、牛肉、水產魚類（如吳郭魚）等在 4℃貯存時，腐敗速率以最快至最慢依序排列。假若以豬里肌肉與雞胸肉各做成中式香腸，同樣的製程、香料、添加物、包裝及貯存溫度，何者賞味期限會較長？並說明其原因。

答：腐敗速率由快至慢依序爲：1. 水產魚類 → 2. 雞肉 → 3. 豬肉 → 4. 牛肉。

豬肉香腸之賞味期限會較長，其原因如下：

1. 豬肉 pH 值較雞肉低，因豬肉肝醣含量較多，在醣解作用下，產生乳酸量較多，因此 pH 值會較低，而雞肉 pH 較高，較接近中性，故較易受微生物汙染而腐敗。

2. 豬肉肌纖維較粗大，要分解成胜肽和胺基酸所需時間較雞肉長。

3. 由於雞隻在屠宰時需經冷卻過程，含水量會較豬肉高，因此貯存期限會較短。

4. 豬肉之飽和脂肪酸較雞肉高，因此在貯存期間較不易氧化酸敗。

由於以上原因，豬肉香腸之賞味期限較雞肉香腸長。

第九章

各種生鮮處理場及賣場之外觀設計與平面參考圖

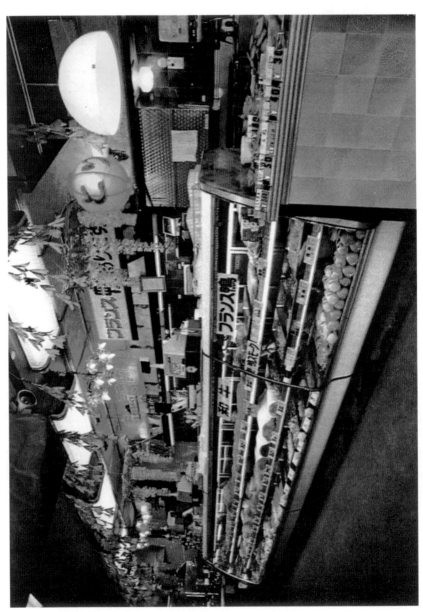

具有氣氛的照明，使得店面看起來具有高級感

使用白色為基調之展示櫃

豬肉之商品陳列

牛肉之商品陳列

賣場之客人停留空間

豬肉展示櫃

高級部位肉品之陳列

作業臺　流理臺　作業臺

移動式冷藏庫

雞肉、山羊肉、綿羊肉、雞肉加工品　牛肉

調味醬類　配菜

配菜調理臺

購物品陳列架

加工品豬肉塊

小倉庫

樓梯

自動門

10.8 m

13.15 m

香腸、火腿等肉製品之展示櫃

此店為誘導型的肉店

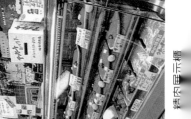

精肉展示櫃

多段式展示櫃將店內氣氛變得活潑起來

以空曠的客人停留空間將展示櫃分開

具有分量感之展示櫃

寬廣之客人停留空間

每天更換之特價品

每天更換之配菜展示櫃

品目多樣化之牛肉

以白色為基調之店鋪

賣場中央之加工品展示櫃

正面、廣闊之商品陳列

手工製之配菜

使用大盤子陳列

配菜、熟食品專櫃

精肉區

品目豐富之熟食區

「今日的菜單」展示櫃

雞肉展示櫃

具有分量感之展示櫃

火腿展示櫃

精肉展示櫃

精肉展示櫃

加工品展示櫃

便當專用展示櫃

小包裝展示櫃

燒肉展示櫃

肉之下酒菜展示櫃

豬肉之陳列

牛肉之陳列

以部位肉展示

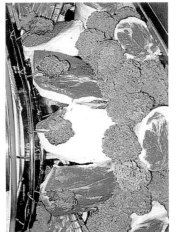

具有高級感之肉品陳列

店鋪面積 18 坪

店內以綠色植物擺設，看起來很清爽

展示櫃採用 4 段陳列

具有日本情調的展示

使人有購買慾之商品陳列

具有多面性之展示

將部位肉與分切後精肉並列之展示櫃

157

風味特佳之熟食區，固定客人較多

非常有人氣之炭火烤肉

香辛料之關聯商品種類繁多

牛排商品和熟食製品

159

國家圖書館出版品預行編目資料

禽畜加工生鮮處理／林亮全編著. ――初
版.――臺北市：五南圖書出版股份有限公
司，2021.06
面；　公分
ISBN 978-986-522-411-0 (平裝)

1.畜產　2.食品加工

439.6　　　　　　　　　　109021169

5N34

禽畜加工生鮮處理

作　　　者 ― 林亮全

發 行 人 ― 楊榮川

總 經 理 ― 楊士清

總 編 輯 ― 楊秀麗

主　　　編 ― 李貴年

責任編輯 ― 何富珊

封面設計 ― 王麗娟

出 版 者 ― 五南圖書出版股份有限公司

地　　　址：106台北市大安區和平東路二段339號4樓

電　　　話：(02)2705-5066　　傳　　　真：(02)2706-6100

網　　　址：https://www.wunan.com.tw

電子郵件：wunan@wunan.com.tw

劃撥帳號：01068953

戶　　　名：五南圖書出版股份有限公司

法律顧問　林勝安律師事務所　林勝安律師

出版日期　2021年6月初版一刷

定　　　價　新臺幣350元

經典永恆・名著常在

五十週年的獻禮 —— 經典名著文庫

五南，五十年了，半個世紀，人生旅程的一大半，走過來了。

思索著，邁向百年的未來歷程，能為知識界、文化學術界作些什麼？

在速食文化的生態下，有什麼值得讓人雋永品味的？

歷代經典・當今名著，經過時間的洗禮，千錘百鍊，流傳至今，光芒耀人；

不僅使我們能領悟前人的智慧，同時也增深加廣我們思考的深度與視野。

我們決心投入巨資，有計畫的系統梳選，成立「經典名著文庫」，

希望收入古今中外思想性的、充滿睿智與獨見的經典、名著。

這是一項理想性的、永續性的巨大出版工程。

不在意讀者的眾寡，只考慮它的學術價值，力求完整展現先哲思想的軌跡；

為知識界開啟一片智慧之窗，營造一座百花綻放的世界文明公園，

任君遨遊、取菁吸蜜、嘉惠學子！